一本值得收藏的狗狗营养食谱

狗狗饭食教科书

[日]俵森朋子 著／黄墁 译／王天飞 审

人民邮电出版社

北京

图书在版编目（ＣＩＰ）数据

狗狗饭食教科书 /（日）俵森朋子著；黄墁译. --
北京：人民邮电出版社，2020.5
ISBN 978-7-115-52601-4

Ⅰ．①狗… Ⅱ．①俵… ②黄… Ⅲ．①犬—驯养
Ⅳ．①S829.2

中国版本图书馆CIP数据核字(2019)第253787号

版 权 声 明

INU GOHAN NO KYOKASHO by Tomoko Hyomori

Copyright © 2018 Tomoko Hyomori

All rights reserved.

Original Japanese edition published by Seibundo Shinkosha Publishing Co., Ltd.

This Simplified Chinese language edition published by arrangement with

Seibundo Shinkosha Publishing Co., Ltd., Tokyo in care of Tuttle-Mori Agency, Inc.,

Tokyo through Beijing Kareka Consultation Center, Beijing.

严禁复制。本书中所呈现的内容（内文、照片、设计、图表等）仅限于个人使用目的，未经著作者许可，
严禁将其转载或使用于任何商业目的。

◆ 著　　　　　　 ［日］俵森朋子

　　译　　　　　 黄　墁

　　审　　　　　 王天飞

　　责任编辑　　 王雅倩

　　责任印制　　 陈　犇

◆ 人民邮电出版社出版发行　　　 北京市丰台区成寿寺路11号

　　邮编　100164　　 电子邮件　315@ptpress.com.cn

　　网址　http://www.ptpress.com.cn

　　北京九天鸿程印刷有限责任公司印刷

◆ 开本：787×1092　　1/20

　　印张：7　　　　　　　　　　 2020年5月第1版

　　字数：224千字　　　　　　　 2025年3月北京第26次印刷

　　　　著作权合同登记号　图字：01-2019-3979号

定价：59.80元

读者服务热线：(010)81055296　 印装质量热线：(010)81055316
反盗版热线：(010)81055315

序言

我很喜欢"适量"这个词。它的意思就是不多不少，恰到好处。

我每天用准备好的小勺掂量食物的分量，想着如果没有做出满分的食物，狗狗还能不能保持健康呢？虽然主人们有的时候会给狗狗精心制作饭食，但有的时候也会用残羹剩饭充当狗狗的食物。我觉得这都是很平常的事。如果特别认真地给狗狗做饭，对结果过度期待，最后很可能会觉得失望，还会给自己平添压力。

我们所居住的国家、生存的地球拥有充足的水源和丰饶的土地，狗狗可以吃的食物应有尽有。然而明明有这么多新鲜的食材，为什么总是给狗狗吃干巴巴的狗粮呢？其实狗狗和人一样，都是生活在地球上的生物。虽然狗狗和人在身体结构上有差异，但本质还是相同的。对于我来说，偶尔吃吃加工食品倒也没关系，但是每天吃就会感到厌烦。狗狗也想和我们一起感受时令食物的美味。

不过这本书的目的不是教大家如何为狗狗做很复杂的饭。我希望这本书，能让大家适当偷点懒，让给狗狗制作省事的饭食这件事成为极其平常的家务事。如果这本书能帮助到大家，我不胜荣幸。

俵森朋子

目录

本书的"使用方法"

·食材前面的图标颜色分别有以下几种含义。关于这些图标的详情请参考第112页。
●=驱寒暖身的食材（温热性）
●=不凉不热的食材（平性）
●=清热解火的食材（寒凉性）

·第二章中"可选的食材"表格中，分别介绍了含有不同营养元素的一些食材。另外，文字的颜色也和左边的图标分类一致。

调养肠胃的要点

注意保护胃肠黏膜和防止身体脱水

造成狗狗肠胃不良反应的原因有很多。正常的腹泻是身体为了排出毒素而做出的自然反应，因此不是所有腹泻不能都通过让胃肠停泻来解决。有的时候为了让胃肠身体脱水也得花一些心思。如果胃肠持续腹泻，就要给狗狗吃些暖胃的食物，方便吸收消化。另外，如果狗狗便秘比较严重，就要注意维持肠胃的大肠温度，肠胃如果出现便秘，也要适当地给狗狗的大肠降温。如果狗狗腹泻比较严重，出现精神萎靡的情况，一定要带狗狗去宠物医院。

○可选的食材

膳食纤维（促进肠胃运动，和和润肠症）	发酵食品（促进肠胃的氧气）	维生素C（提高免疫力）	黏蛋白（保护和修复黏膜，提高蓄水能力）	谷氨酰胺（促进消化道黏膜组织的生成）
洋菇、卷心菜、甘薯、白菜、西蓝花、花菜、香蕉、菠菜 生姜、芹菜、木瓜、羊栖菜、寒天、燕麦片、薏仁粉	纳豆、味噌、苹果醋 酸奶、芝士、发酵蔬菜、发酵黄豆	香芹菜、苦瓜 胡萝卜、卷心菜、萝卜、油菜、西蓝花、青椒、花菜、菜花、秋葵、土豆、甘薯、红辣椒 生菜、西红柿、芹菜、苦瓜	纳豆 山药、秋葵、芋头、莲藕 长薯蓣	鸡胸肉、大马哈鱼、沙丁鱼、青花鱼、金枪鱼 猪腰肉、芝士、糖蜜、杉菜藜麦叶、鸡蛋、鲣鱼干、大豆

海带汤（或清水）……250 mL
秋刀鱼……1条
芜菁（食叶）……70 g（约1个）
南瓜……40 g（约4cm）
莲藕……30 g（1.5cm）
胡萝卜……20 g（约2cm）
紫苏叶……1片
羊豆……10 g（1个）
肉豆……1勺
苹果醋……1小勺
干酪粉……1耳勺
鲣鱼干……1小撮

1. 将秋刀鱼切成3块，将肉和鱼骨分离。向锅中倒入海带汤，煮沸，放入秋刀鱼骨，撇去浮沫后煮3分钟左右。
2. 将秋刀鱼肉、芜菁、南瓜、莲藕、洋菇切成丁放入锅中煮5分钟左右。将芜菁叶焯水，切碎后放入锅中。
3. 捞出秋刀鱼骨，将剩下的食材转移到容器中冷却。
4. 冷却之后，倒入胡萝卜，再加入切碎的紫苏叶、苹果醋、干姜粉、鲣鱼干，用手混合。最后放入纳豆即可。

C 维持肠道温度，解决黏膜便

当大肠有炎症的时候，可以给狗狗吃芜菁、洋葱、紫苏叶等温热性食物。芜菁叶富含维生素，可以将其焯水之后给狗狗吃。

★蚬汤（或清水）……250 mL
生马肉（冷冻）……80 g
苹果……50 g（约1/8个）
黄瓜……40 g（约半根）
胡萝卜……30 g（约1cm）
油菜……30 g（约1株）
生菜……20 g（约1片）
秋葵……1个
本葛粉……1大勺
苹果醋……1小勺
柠檬汁……1小勺

1. 向锅中倒入蚬汤煮沸，将胡萝卜和苹果捣碎后放入锅中煮3分钟左右。
2. 将油菜和秋葵焯水，将生菜切碎，然后一起放入锅中。将黄瓜切碎，稍微加热一下。
3. 锅中剩少许汤汁，将煮好的食材捞出，放入冷冻的生马肉。一边解冻马肉一边冷却食材。
4. 锅中剩少许汤汁，点火，放入本葛粉加水煮，熬制之后倒入步骤3中的食材。
5. 待食材冷却后，倒入苹果醋和柠檬汁，用手混合即可。

D 给肠道降温，解决便血

当小肠有炎症的时候，要以寒凉性食材为主。马肉是蛋白质食物中唯一的寒性肉，为了促进消化吸收，建议生吃。

·食谱中的食材分量，是以一只7 kg左右的狗狗为例。可以参考第14页，根据您的爱犬体型调整食材分量。另外，也要根据狗狗吃完饭后的身体状况随时调整饭食。

·所用食材不一定要和食谱完全一样。可以参考"可选的食材"表格，用一些时令食材进行替换调整。

※ 对于狗狗来说，有适合自己和不适合自己的食物。如果本书中列举的食材不适合您的爱犬，请务必停止使用该食材。
※ 给消化功能弱的狗狗做饭时，请尽量将食材切碎，并在煮熟之后捣成糊状。

第 一 章　盘点几种好吃的盖浇汤饭

1 用3种汤制作的盖浇汤饭

适量的水分对维持内脏器官的正常运作必不可少

　　维持动物的内脏器官正常运作，水分是必不可少的。动物摄取适量的水分，能调整体内的水平衡，从而使身体避免受到病菌侵袭。接下来我们就来学习用3种汤制作的盖浇汤饭，可以把它们当成狗狗每天的饭食。这几款盖浇汤饭不仅能补充水分，还能充分发挥不同食材的各种功效，可谓一举两得（一天需要补充的水分标准请参考第117页）。

也可以加在狗粮中哦！

食材：蚬

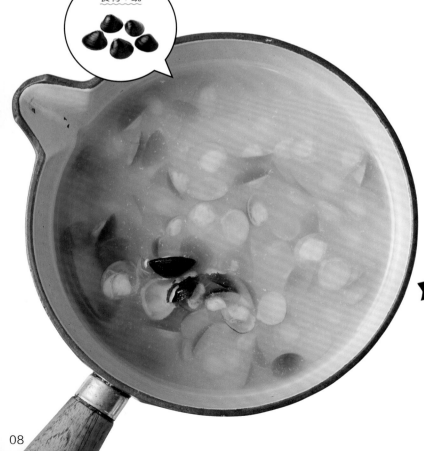

帮助修复肝脏

蚬汤

蚬汤不仅富含能够帮助修复肝脏的鸟氨酸，制造"幸福荷尔蒙"血清素的色氨酸，还含有可以缓解疲劳、预防中暑的牛磺酸等营养元素。

做法

向锅中倒入1L水和25~30个蚬并煮至沸腾。撇去浮沫，煮5分钟后，捞出蚬即可。

最适合这些时候

·季节交替　　　　·运动量大
·肝脏、肾脏的健康　·肌肉衰退
　指数降低　　　　·患有前庭疾病
·经常看家

注意 　保存方法

蚬汤和鸡汤倒入制冰机中冷冻，需要的时候再一块块解冻即可。海带汤建议放入类似左图的容器中冷藏，这样就可以存放一周左右，而且主人也可以享用。

具有抗氧化作用，能预防衰老

海带汤

海带汤富含能够提升抗氧化作用的岩藻黄素和刺激肠道蠕动的精氨酸等营养元素，并且还能有效除去活性氧。

做法

准备3~4g海带，浸泡之后用厨房纸擦拭干净。然后切丝放入容器中，倒入1L水后置于冰箱中冷藏一晚即可。

食材：海带

最适合这些时候

· 有肥胖倾向 · 癌症调养
· 出现便秘 · 患有糖尿病
· 有皮肤病

食材：翅根

提高免疫力

鸡汤

鸡汤富含能够促进白细胞运动的鼠尾草酸，鸡骨头含有钙、镁、磷、硅等矿物质。用高压锅能更快地熬出胶原蛋白。

做法

准备5~6个翅根，去皮，用厨房剪刀将骨头敲碎，过一遍热水。然后将翅根放入锅中，倒入1L水。如果条件允许，可以加一些蔬菜，然后煮至沸腾。撇去浮沫，煮20~30分钟后（高压锅小火10分钟），取出翅根即可。

最适合这些时候

· 关节不舒服 · 易患感冒的季节
· 想增强活力 （夏、冬）
· 容易腹泻

2 勾过芡的食物对身体有益且方便食用

黏糊糊的食物也非常有益健康

前面介绍了多款盖浇汤饭，但是也有狗狗不习惯吃这些清汤寡水的饭食。针对这些狗狗，可以给汤汁勾点芡，让这些狗狗能够哧溜哧溜地大吃一顿。勾芡的食材有很多种类，可以根据狗狗的健康状态选择几种食材，交替着做给狗狗吃。不过，如果食材体积比较大，狗狗狼吞虎咽就很有可能会噎到，因此主人们要时刻留心，最好将食材切碎。

芡汁还能
增强饱腹感！

富含膳食纤维的食物
山药

含有丰富的膳食纤维和维生素B，能够强肝健脾。不需要加热，适合生吃。直接切碎放入食盆即可，十分方便快捷。

喂食方法

将饭盛入食盆，将山药切碎放到上面，用手混合即可。

最适合这些时候

· 便便干硬
· 年老体弱
· 持续性腹泻，肠黏膜受损
· 癌症调养

能够强健骨骼
本葛粉

富含能够促进钙质吸收和提高骨骼密度的异黄酮，以及能增强肝脏功能和改善血液循环的皂苷。请一定要选择100%葛成分的无异味"本葛粉"。

喂食方法

将其他食材煮好后倒入容器中，锅中留少许汤汁。开火，放入本葛粉至汤汁刚刚没过的程度。将汤汁熬制片刻后倒入刚才煮好的食材中，冷却之后用手混合即可。

最适合这些时候

· 容易腹泻
· 体寒
· 有肥胖倾向
· 出现便秘

减肥也能吃
寒天

富含具有强大吸水能力的膳食纤维，能够润肠通便，预防癌症。除了照片中展示的寒天棒以外，寒天粉和寒天块也可以直接混入其他食材中食用。

喂食方法

将寒天放入水中浸泡5~10分钟后，撕碎并放入煮好的食材中继续加热至融化。融化之后将食材转移至容器中冷却。

最适合这些时候

- ·水分不足
- ·有肥胖倾向
- ·癌症调养
- ·高血压、高血脂

黏液能保护黏膜
黏黏的蔬菜

长蒴黄麻和秋葵等黏糊糊的蔬菜富含具有调节肠道作用和能降低胆固醇的膳食纤维，以及能够保护胃肠黏膜和预防癌症的β-胡萝卜素。

喂食方法

将黄麻和秋葵焯水后，捶打至出现黏液。给狗狗盛饭的时候一并加入，用手混合即可。

最适合这些时候

- ·易犯肠胃炎
- ·感冒
- ·保护眼睛
- ·季节交替
- ·心脏调养（用黄麻）

具有一定抗癌功能
海藻类

裙带菜根、蕴藻、铜藻等黏糊糊的海藻富含精氨酸，能够预防癌症。注意不要让狗狗过量食用，一天控制在1mg左右。另外，禁止给患有甲状腺疾病的狗狗食用海藻类食物。

喂食方法

切碎，待其他食材冷却后放入，用手混合即可。

最适合这些时候

- ·有肥胖倾向
- ·出现便秘
- ·患有糖尿病
- ·预防癌症
- ·高血压、高血脂

3 稍稍加一点便利的配料

最后撒上一些配料，营养更加均衡

狗狗的饭食是不需要调味的，但是加一点点配料就能增加更多的营养物质。不管是干巴巴的狗粮还是自己制作的饭食，撒上一些配料，再搅拌均匀给狗狗吃，都能轻松地给狗狗补充营养。可以根据狗狗的身体状况，有选择地添加配料。并且可以将配料装在小瓶子里备用，随用随取，十分方便。

搭配其他食材
也十分重要！

富含钾元素，帮助排毒
红豆粉
除了可以撒在饭食中吃，还能加在酸奶中，或者制成寒天。需要控制钾元素摄入的狗狗慎用。

最适合这些时候
·控制肾数值　　·便便干硬、便秘
·水肿　　　　　·年老体弱

提高免疫力不可或缺
干姜粉
少量干姜粉能驱寒暖身，促进血液循环，提高免疫力，降低血糖值。1天控制在2~3耳勺。

最适合这些时候
·寒冷的季节　　　·预防心脏病
·患有癌症
·患有糖尿病

适合日常食用
苹果醋
有效预防骨质疏松和糖尿病。小型犬1天1茶匙，大型犬1天1~2汤匙。

最适合这些时候
·经常腹泻、呕吐　·患有糖尿病
·散步时经常吃草　·有肥胖倾向
·有口臭

被称作"艺人粉"
薏仁粉
能够净化皮肤，促进新陈代谢，抑制肿瘤生长，尤其适合在潮湿的季节食用。

最适合这些时候
·梅雨季节　　　·想要预防癌症或已
·容易起疙瘩　　　经患有癌症
·水肿　　　　　·有皮炎

具有强大的抗氧化作用
姜黄粉
小型犬1天最多1耳勺。患有肝脏疾病、正在使用抗血液凝固剂以及患有胆结石和怀孕的狗狗慎用。

最适合这些时候
·需要解毒的季节　·缺铁
·想要预防癌症或已·关节以及其他地方
　经患有癌症　　　　疼痛

富含肌苷酸

鲣鱼干

能够激活细胞，促进新陈代谢。搭配草酸含量较高的蔬菜食用时，能与草酸结合并将其排出体外。

最适合这些时候

· 搭配草酸含量较高　　· 食欲不振
　的蔬菜　　　　　　　· 年老体弱
· 缺钙

富含钙质

樱虾

富含丰富的营养，能够延缓衰老。樱虾中的壳聚糖能调整肠胃功能，提高免疫力。可以偶尔给狗狗食用。

最适合这些时候

· 缺钙　　　　　　　· 患有髋关节变形症
· 腿脚不便　　　　　　以及其他骨骼疾病
· 免疫力下降　　　　· 预防动脉硬化

富含维生素和矿物质

青海苔

富含各种营养元素。每天吃一些，健康多一点。

最适合这些时候

· 经常腹泻或便秘
· 运动量比较大
· 需要强健骨骼

富含矿物质和膳食纤维

海带干丝

海带干丝是将海带放入醋中浸泡至柔软，再切成丝状制成的。可以预防高血压和贫血，也能预防血糖过高。

最适合这些时候

· 免疫力降低　　　　· 压力大
· 出现便秘　　　　　· 贫血
· 有肥胖倾向

富含不饱和脂肪酸

黑芝麻、白芝麻

具有预防动脉硬化、抗癌、增强肝脏功能等多种功效。食用时，抓一小撮芝麻粉撒在狗狗饭食上即可。

最适合这些时候

· 控制肝脏功　　　　· 想预防癌症或者
　能指标数值　　　　　已经患有癌症
· 保护心脏　　　　　· 年老体弱

富含 α - 亚麻酸

亚麻籽油

能够增强血管功能。小型犬每周2~3次，每次食用1茶匙。因为亚麻籽油不耐高温，所以需要等食材冷却后再加入。

最适合这些时候

· 过敏　　　　　　　· 想保护心脏和肝脏
· 预防痴呆
· 有牙周炎

具有强大的调整肠胃功能

酸奶

调整肠道功能，增强免疫力。葡萄糖含量高，脂肪含量低甚至为零，可作为日常可选食材之一。小型犬1天可摄入大概1大勺。

最适合这些时候

· 肠胃虚弱　　　　　· 过敏体质
· 早上起来（或睡前）· 血脂高
　吐胆汁、胃液

能溶解血栓

纳豆

没有了豆皮，更容易被消化吸收。强烈推荐营养价值很高的纳豆糊糊。小型犬每周3~4次，每次食用1小勺。

最适合这些时候

· 调养心脏和血液　　· 预防老年犬痴呆
· 有肥胖倾向　　　　· 预防癌症
· 患有糖尿病

容易被忽视的盐分补充

味噌

对于生存在这个世界上的生物，钠离子必不可少。狗狗同样需要摄入盐分，以补充钠离子。健康的小型犬每个月需要摄入1耳勺的盐分。

最适合这些时候

· 100 % 自己制作饭食　· 持续腹泻
*食用狗粮的狗狗不需　· 预防动脉硬化
　要额外摄入盐分

4 食物的分量和配比

根据体重来衡量

给狗狗制作饭食时,主人经常会烦恼如何搭配好营养,怎样才算食量恰当。事实上,就像人类吃饭不可能达到完全营养均衡一样,狗狗的饭食营养也只要大致平衡就可以了。对于一只健康的狗狗来说,首先要根据它的体重,决定主要的鱼或者肉的分量,然后再准备对应分量或者稍多的蔬菜。主人自己做的饭食不像市场上卖的狗粮,营养物质没有经过凝缩,因此分量看起来比狗粮多很多。

首先决定肉的分量
初期阶段的肉和鱼的分量可以根据下面的"一天的肉和水的分量"来决定。当然,即使是重量相同的狗狗,也要根据运动量适当调整肉量。平时运动量比较大的狗狗要增加一点量,而睡觉时间比较久的老年犬可以减少一点量。

体重 ▷ 肉1

一天的肉和水的分量

体重5kg
肉:100~150g
水分:350~400mL

体重10kg
肉:200~250g
水分:700~900mL

体重20kg
肉:330~420g
水分:1 000~1 200mL

- 每天散步一个小时的成年犬
……×1
- 运动充足的成年犬
……×1.2
- 经常睡觉的老年犬
……×0.7

根据肉的分量来选择蔬菜
决定好肉或鱼的分量之后，再根据体积而非重量，加入相同分量或者稍多的蔬菜。但是如果此前没怎么给狗狗吃过蔬菜，就适当减少一些蔬菜的量。

+

汤（第8页）

勾芡（第10页）

配料（第12页）

碳水化合物可以不加
原则上不需要每次都在饭食里加入碳水化合物。但是如果狗狗在做一些体育训练，运动量比较大的话，可以少量添加一些碳水化合物。另外，可以每周停一次鱼或者肉，用碳水化合物和蔬菜做成汤给狗狗吃。

:

蔬菜1~2 碳水化合物0~0.5

注意　这些时候怎么办

便秘

减少膳食纤维摄入，加长食材加热时间，观察狗狗的状态。虽然富含膳食纤维的食材确实能够预防便秘，但如果在已经出现便秘的情况下，再给狗狗摄入过多的膳食纤维，很可能会导致便秘继续恶化。

拉稀、腹泻

先减少蔬菜的分量，之后一点点增加，让狗狗慢慢适应。老年犬反复拉稀、腹泻，很可能是消化功能低下引起的。这个时候就不要调整蔬菜分量了，给狗狗补充一些容易消化的蛋白质食物，改善一下狗狗的消化功能吧。

一边观察我的身体状况，一边调整食材的分量吧！

5 试着做做看吧！简单的一周食谱

以体重7~8kg的健康成年犬为例

		周一	周二	周三
早上	主食	鸡胸肉80g	沙丁鱼1条	生马肉（含骨头）100g
	蔬菜	花菜 胡萝卜 白萝卜	油菜 南瓜 胡萝卜 西蓝花苗	牛蒡 发酵蔬菜 胡萝卜
	汤	水 300 mL	海带汤300 mL	鸡汤300 mL
	配料	青海苔 舞茸干	鲣鱼干	青海苔 舞茸干
	勾芡	寒天	本葛粉	寒天
晚上	主食	鸡胸肉50g 鸡蛋黄1个	燕麦片50g	生马肉（含骨头）90g
	蔬菜	卷心菜 西红柿 胡萝卜	甘薯 芦笋 胡萝卜	秋葵 花菜 胡萝卜
	汤	水 300 mL	鸡汤300 mL	鸡汤300 mL
	配料	芝麻 舞茸干	纳豆 红豆粉	姜黄粉
	勾芡	蕴藻	—	本葛粉

比起每餐营养均衡，更要注重总体平衡

没必要每顿饭都做到完全营养均衡，和人类一样，狗狗也是从各种各样的食物中获得营养的总体平衡。以一只健康的狗狗为例，一天两顿饭，一周就是14顿饭。可以把肉作为主要食材，鱼3~4次，鸡蛋2次，动物肝脏1次。生马肉和鹿肉是比较推荐的食材。蔬菜以时令菜为主要选择，基本上用冰箱里有的那些就可以了。

狗狗吃的也是和主人一样的食材哦！

周四	周五	周六	周日
猪肉90g	鸡胸脯肉80g	鲑鱼90g	生马肉（含骨头）100g
白菜 洋菇 豆腐 胡萝卜	菠菜 卷心菜 西红柿 胡萝卜	芜菁以及芜菁叶 小辣椒 芹菜	卷心菜 青豆 豆芽 发酵蔬菜
蚬汤300mL	水300mL	蚬汤300mL	蚬汤300mL
紫苏叶	杂鱼干 苹果醋	鲣鱼干 舞茸干	干姜粉
—	蕴藻	山药	本葛粉
猪肉50g 猪肝30g	鸡胸脯肉40g 鸡蛋1个	生鹿肉60g	鲣鱼90g
黄瓜 西红柿 南瓜	西蓝花 长蒴黄麻 胡萝卜 菜芽	羽衣甘蓝 土豆 芹菜 胡萝卜	白菜 蟹味菇 胡萝卜
蚬汤300mL	水300mL	水300mL	水300mL
香芹菜 舞茸干	青海苔 舞茸干	香芹菜	樱虾
山药	本葛粉	本葛粉	蕴藻

6 一口锅，10分钟！基本制作方法

1分钟

1 汤
煮沸

将第8页的汤或清水倒入锅中，点火煮沸。

3分钟

2 利用煮汤的时间
切好食材

利用煮汤的时间，将肉切成适合大小，将蔬菜切碎。

6分钟

3 按照煮熟的难易程度
依次放入

汤汁沸腾之后，将肉、鱼、蔬菜，按照煮熟的难易程度先难后易放入锅中，慢慢煮熟。

因为不用考虑色香味的搭配，实际操作起来非常简单

其实给狗狗做饭最重要的是保证营养，不用考虑色香味的搭配，因此做起来十分简单。给狗狗做的盖浇汤饭，就和我们吃的乱炖做法一样。在锅中先放汤汁煮沸，然后倒入食材煮熟即可。我们给自己做饭的时候，可以顺便用锅给狗狗也做顿饭。相反，如果要花费10分钟以上的时间给狗狗做饭就有点浪费时间了。

放入我最喜欢吃的食材就好

8分钟

4 煮熟后倒入
食盆

食材煮熟后，关火，倒入食盆。

9分钟

5 将食材弄碎并
冷却

可以将食物在室温下自然晾凉，或者用冷藏剂加速食物冷却。建议在冷却期间将食材弄碎。

10分钟

6

最后
撒上配料

冷却之后，撒上一些不耐高温的配料。用手将全部食材混合均匀即可。

完成

7 自己动手制作饭食的基本规则

能和主人在一起的日子吃什么都是香的！

狗狗和主人在一起的幸福时光才是最重要的

本书所介绍的食谱是作者从营养学的平衡和食疗两方面进行考虑，再加上自己平时的经验创作而成的。但这并不是让大家必须亲自给狗狗做饭的意思。能为狗狗多做的就多做一点，在适当的时候做自己能做的也可以，一旦主人感到麻烦了就可以立刻停下来。只要最后能让狗狗和主人都健康幸福，采用什么方法都可以。

规则1
食材要交替使用

食材大多具有药性，适当摄入能变成"药"，过度食用就会变成"毒"。如果一直给狗狗吃同一种食物，食物中不好的成分就会在狗狗体内不断累积。因此原则上不论是买狗粮还是自己给狗狗做饭，食材都要交替使用。

交替使用

规则2
积极使用时令食材

食物都是有时令的，四季交替，不同食物发挥着各自重要的作用。现在各地能吃到的四季蔬菜越来越多，但是不能每天都给狗狗吃同样的食物，更应该注意使用一些时令食材，给狗狗吃各种各样的蔬菜。

夏天盛产

冬天盛产

谷类和蛋白质类食物要分开喂食

动物身体对谷类和蛋白质类食物的消化速度大不一样。一只狗狗只需要花费12个小时左右就能消化蛋白质丰富的肉食，而消化谷类却需要大约30个小时。为了减轻狗狗肠胃的压力，建议不要把谷类和蛋白质类食物放在一起，最好分开喂食。

蛋白质类　　　　　　　谷类

控制肝脏类食物的摄入

很多狗狗都喜欢吃动物肝脏，但是绝对不能给狗狗过度食用。基本上一周可以喂食一次，每次喂食的量也应该控制在肉类分量的八分之一。另外，给狗狗喂食动物肝脏的时候，增加了维生素A的摄入，因此要相应地减少喂食紫苏叶、胡萝卜等富含维生素A的蔬菜分量。

注意不要过量

用手混合能提高营养价值

我们的手上都有细菌，即使是狗粮，也能通过用手混合增加其有效成分。常见细菌的种类和数量因人而异，因此不同的人直接用手触碰食物做出来的饭食也各不一样。

用手混合是要点

好好观察你眼前的爱犬

狗狗都不会"锁定"同一款饭食，随着季节、身体状况、年龄的变化，狗狗的口味也会发生改变。所以主人们要好好观察眼前的狗狗，然后再决定给它吃什么。观察狗狗的便便、毛发、体重、精神状态和眼神，时刻注意狗狗的变化是十分重要的。

今天的胃口也很好啊

21

8 需要注意的食材

适当的水分对维持内脏功能必不可缺少

我们都知道，葱、巧克力、咖啡等生活中很常见的食物对狗狗来说十分危险。在此基础上，我们也需要了解，狗狗的情况不同，也有各种各样的忌讳食材（参考第56～57页）。另外，也有过狗狗误食玉米棒或人用药而死亡的案例，因此主人要注意把这些食物放在狗狗够不到的地方。

主人给什么
我就吃什么！

！卷心菜、西蓝花等十字花科蔬菜

➡ 患有甲状腺疾病的狗狗禁止食用

裙带菜根、白萝卜、花菜等储藏在冰箱里的蔬菜，有七成都属于十字花科蔬菜。这些食材会影响身体对碘元素的吸收，因此患有甲状腺疾病的狗狗不能食用。给老年犬吃的食材必须煮熟，减小对甲状腺的压力，促进消化吸收。

！茄子、青椒等茄科植物

➡ 建议熟吃

茄子、青椒、土豆、西红柿等茄科蔬菜，大多具有清热解火的功能。即使是给健康的狗狗食用，也要煮熟。另外，如果狗狗感染了丝虫等寄生虫，这些食物是禁止给狗狗食用的。

 注意　　其他需要避开的食材

·洋葱、葱、韭菜等
百合科葱属的蔬菜很有可能会引起贫血。大蒜可以少量食用。

·虾蟹等甲壳类
可能会引发维生素B₁缺乏症。另外，墨鱼很难消化，也可能会造成消化不良。

·煮过的骨头
鸟类的骨头加热之后会变得更硬，裂成尖锐的骨棒后，可能会刺破食道等消化管道。

·香辛料
生姜、芥末、辣椒等香辛料会刺激肠胃，可能会引起腹泻。

·含有咖啡因的食物
咖啡、茶等食物会引起狗狗咖啡因中毒，有窒息的危险。

·土豆芽
土豆芽中含有茄碱，会引起中毒，因此狗狗和人类都不能食用。

! 鸡蛋

➡ 蛋白需要加热

蛋黄可以给狗狗生吃，但是蛋白必须加热。蛋白中的抗生物素蛋白会阻碍维生素的吸收，还可能会引起腹泻。鸡蛋的烹调方法不同，狗狗对鸡蛋的消化时间也有所差异，其中半熟鸡蛋最有利于肠胃吸收。

! 乳制品

➡ 患有甲状腺疾病的狗狗禁止食用

如果狗狗患有甲状腺疾病，即使是当成平时的零食也不能给狗狗吃乳制品。不过脱脂干酪（参考第92页）、酸奶等食材的乳糖含量较低，可以给狗狗食用。低脂肪甚至零脂肪的酸奶能给狗狗补充丰富的葡萄糖，是食材的不二选择。

! 青鱼

➡ 去掉头和内脏再给狗狗吃

青鱼富含DHA和EPA，可以每周给成年犬喂食1~2次。但是青鱼的头部和内脏可能含有大量重金属，因此给狗狗吃之前必须去除，杂鱼干同理。不过香鱼等淡水鱼可以连内脏和头部一起给狗狗吃，这样狗狗能获得更多的营养。

! 大豆类

➡ 如果是给肠胃虚弱的狗狗吃，则必须加热

这里不是指发酵过的纳豆、味噌等，而是像豆浆、豆腐渣和豆腐等生的大豆类食物。这些生豆类食物有时会附着在肠黏膜上引起腹泻。如果狗狗肠胃比较虚弱，一定要将大豆类食物加热之后再给狗狗食用。

·西红柿、茄子等蔬菜的蒂

和土豆芽一样，西红柿和茄子等茄科植物的蒂也含有很多茄碱。

·芦荟

据说食用芦荟能引起肾炎，具体原因目前尚不清楚。总之要避免给狗狗吃芦荟酸奶之类的食物。

·巧克力

巧克力和可可粉等含可可的食物禁止给狗狗食用，因为有可能会引发呕吐、腹泻、中毒等症状。

·木糖醇

木糖醇被身体吸收之后，胰腺会瞬间分泌大量胰岛素，此时可能会引发低血糖。

·葡萄、葡萄干

虽然不知道具体原因，但是狗狗食用葡萄、葡萄干有可能会引起中毒或者急性肾功能不全，加州梅同理。

·酒精

含酒精饮料中有乙醇会引起中毒。

从狗狗那里学来的 "一般饭食"

　　我自独立生活开始，已经养了 25 年的狗狗了。25 年前我一直被灌输着"狗狗只能吃买来的狗粮，我们吃的食物是绝对禁止给狗狗食用的"等思想。死脑筋的我一直坚守这个原则，在形形色色的狗粮中精挑细选。但无论是我第一次养的狗狗，还是之后养的狗狗，都没有一只狗狗能健康到老，或者说临终之前仍在和病痛作斗争。我很纳闷，自己明明严格遵守了这个原则，为什么会是这样的结果？

　　这个时代的养狗方式（虽然我不大喜欢这个词）发生了很大变化，周围的兽医甚至比牙医还多。但是我们很难恰好遇到兽医，所以只能通过朋友介绍，于是我们都变成了兽医"难民"。狗狗们住院之后，兽医给狗狗安排的饭食都是些生牛肉混着细腻的土豆泥。就连狗狗重病住院的时候，吃的食物也都是我没有见过的。我终于恍然大悟，我竟然一直拼命努力给狗狗吃那么干巴巴的狗粮。

　　如果狗狗尿血，就给它喝焙茶；出现贫血症状，就给它吃生肉、蚬汤等。兽医结合西医，告诉了我很多非常简单的应对措施。我按照兽医说的做了一点点改变，狗狗的身体也肉眼可见地一点点变好起来了。

　　狗狗和我们一样，只有吃新鲜的食材，才能更加健康地成长。这是狗狗用自己的身体教会我们的，也是从那个时候，我开始自己给狗狗做饭了。

第二章　有针对性的健康食谱

A
膳食纤维促进排毒

1有助于提高免疫力的食谱

免疫力强就不容易生病。
免疫力弱，就容易引发各种毛病。
提升体温，养成水分摄取充足的良好饮食习惯，可以激活免疫细胞。

C
鲥鱼富含EPA、DHA
能促进血液循环

B
利用大海的
馈赠补充矿物质

D
生成新细胞、提高免疫力

27

提高免疫力的要点

◎可选的食材

维生素B$_5$ （帮助免疫功能正常化）	β-葡聚糖 （提高免疫力）
肝脏、鸡肉、动物肾脏、大马哈鱼、洋菇、纳豆 **鳕鱼、鸡蛋、西蓝花、花菜、所有菌菇类** 长蒴黄麻、牛蒡、芹菜	舞茸、杏鲍菇、松茸 大麦、燕麦片、海带、裙带菜根、裙带菜

免疫系统保护我们的身体不被病菌侵袭

为了提高免疫力，首先要提升体温。作为主要的免疫细胞，很多白细胞都在肠道中"待机"，一旦有"外敌"细胞侵入，它们便会集合战斗。然而如果体温过低，血管收缩，血液循环就会变差，导致白细胞不能及时集合。可以说体温过低就是生病的导火线。为了维持体温，调整肠道环境也很重要。因此我们要多给狗狗吃驱寒暖身的食材，补充膳食纤维，激活肠道，利用发酵食品增加狗狗肠内的益生菌。

A：膳食纤维促进排毒

羊肉是非常具有暖身效果的蛋白质类食材，可以搭配本葛粉和干姜粉食用，帮助狗狗驱寒。

食材

- ★鸡汤（或清水）……250 mL
- 羊肉……100 g
- 芹菜……20 g（约4 cm）
- 青椒……20 g（约半个）
- 胡萝卜……20 g（约2 cm）
- 香芹菜……少许
- 酸奶……1大勺
- 本葛粉……8 g
- 干姜粉……1耳勺

做法

1. 向锅中倒入鸡汤，煮沸，然后放入羊肉。煮大约3分钟后放入切碎的芹菜和青椒，再煮2分钟左右。
2. 待食材煮熟后，留1/5的汤底，把食材倒入食盆中晾凉。
3. 将锅中的汤底煮沸，倒入本葛粉至水位，熬好之后倒入食盆中晾凉。
4. 待食材全部冷却后，刨入胡萝卜碎，用手将香芹菜掰成小段后放入，最后加入酸奶和干姜粉，用手混合即可。

B：利用大海的馈赠补充矿物质

青鱼和海藻等食材能补充丰富的矿物质，还能去除活性氧。这款食谱能让狗狗在夏天也能保持清爽，提高狗狗的免疫力。

食材

- ★海带汤（或清水）……250 mL
- 沙丁鱼……2小条
- 南瓜……40 g（约4 cm厚）
- 胡萝卜……20 g（约2 cm）
- 秋葵……10 g（1个）
- 丛生口蘑……15 g（约1/7朵）
- 羊栖菜……6 g
- 味噌……..1耳勺
- 干姜粉……1耳勺
- 青海苔……1小撮
- 海带丝……1小撮

做法

1. 将沙丁鱼去头和内脏，加入羊栖菜，用菜刀剁成泥后，再捏成丸子。
2. 向锅中倒入海带汤煮沸，放入丸子，煮3分钟左右，撇去浮沫。
3. 将南瓜、丛生口蘑切碎，倒入步骤2中的锅中。待食材煮熟后转移到食盆中冷却。
4. 冷却之后刨入胡萝卜碎，秋葵用菜刀碾碎，加上味噌、干姜粉、青海苔、海带丝一起放入锅中，用手混合即可。

β-胡萝卜素 （去除活性氧，增强免疫力）	膳食纤维 （净化血液，除去活性氧）	驱寒暖身 （提高免疫力）	发酵食品 （维持肠胃健康，让副交感神经保持优势）
紫苏叶、香菜、罗勒、南瓜 **胡萝卜、红辣椒粉、西蓝花** 长蒴黄麻、青海苔、菠菜、 裙带菜、裙带菜根	蘑菇、香芹菜 **土豆、卷心菜、甘薯、白菜、** **西蓝花、香菇、花菜、舞茸** 生菜、牛蒡、青木瓜、羊栖菜、 寒天、燕麦片、薏仁粉	干姜粉、紫苏叶、苹果醋 本葛粉	纳豆、味噌、苹果醋、酒糟 **酸奶、芝士、发酵蔬菜、** **发酵黄豆**

C：鲥鱼富含EPA、DHA，能促进血液循环

舞茸、裙带菜根等食材中富含的β-葡聚糖，紫苏叶和西蓝花中富含的β-胡萝卜素对免疫细胞都具有直接的激活作用。

食材

- ★ 蚬汤（或清水）……250 mL
- 鲥鱼……100 g
- 茄子……30 g
- 西蓝花……30 g（约2朵）
- 芋头……30 g（约1/2个）
- 紫苏叶……1片
- 发酵蔬菜（参考第58页）……1大勺
- 舞茸干……2～3朵
- 裙带菜根……满满1小勺
- 干姜粉……1耳勺

做法

1. 将芋头放到微波炉里加热2分钟（或者焯水）。向锅中倒入蚬汤和舞茸干，煮沸。
2. 煮沸后，放入切成小块的鲥鱼和芋头煮2分钟左右。
3. 将茄子、西蓝花切成丁，放入步骤2中的锅中煮3分钟左右。待食材煮熟之后，捞出放入容器中冷却。
4. 冷却之后，放入切碎的紫苏叶、发酵蔬菜、干姜粉、裙带菜根，用手混合即可。

D：生成新细胞、提高免疫力

作为主菜的肝脏富含维生素B_5，能够维持免疫功能正常。纳豆和山药的黏液可以保护肠道黏膜。

食材

- ★ 鸡汤（或清水）……250 mL
- 鸡肝&鸡心……80 g
- 山药……50 g（2 cm）
- 白菜……30 g（1/3片）
- 牛蒡……20 g（约5 cm）
- 舞茸……20 g（1/5捆）
- 滑菇……15 g（约1/6捆）
- 纳豆……1大勺
- 苹果醋……1小勺
- 干姜粉……1耳勺

做法

1. 将牛蒡浸5分钟后捣碎。将白菜、舞茸、滑菇切成丁。
2. 向锅中先放入鸡肝和鸡心，再依次放入白菜、舞茸、牛蒡翻炒。最后倒入鸡汤煮4分钟。
3. 肝脏煮熟之后，捞出放入食盆中冷却。
4. 冷却之后，刨入山药碎，再加入苹果醋和干姜粉，用手混合。最后放上纳豆即可。

2 有助于**癌症调养**的食谱

近年来，有很多狗狗都像人类一样患上了癌症。虽然其原因有很多，不过我们还是要保护狗狗的肝脏和肾脏，维持狗狗内脏的正常功能，让癌症远离狗狗。

A
寒冷时期的防癌食谱

B
炎热时期的防癌食谱

癌症调养的要点

及时排毒，防止毒素在体内积累

预防癌症最关键的就是要抑制癌细胞的活动。为了让狗狗的身体远离癌症，排出癌细胞喜欢的活性氧和糖类，发挥肝脏和肾脏的强大功能是很重要的。已经患上癌症的狗狗要和癌细胞和谐相处。多给狗狗吃一些富含能促进细胞生成的叶酸、具有防癌效果，以及具有抗氧化作用的维生素食材。

◎可选的食材

叶酸 (促进细胞生成)	特制食品 (防癌食材)	柠檬酸 (促进乳酸代谢)	维生素B$_1$ (促进乳酸代谢)	维生素E (促进血液循环、抗氧化作用)	维生素C (提高免疫力)
肝脏(猪、牛、鸡)、沙丁鱼、纳豆、鳗鱼、大豆、蚕豆、鹰嘴豆 海苔、裙带菜、绿豆、豆芽	生姜、大蒜、卷心菜、胡萝卜、大豆、芹菜	南瓜 芝士、柠檬、土豆、山药、香菇、黄豆粉 西红柿、猕猴桃、橙子、菠萝、葡萄柚	肝脏(猪、牛、鸡)、大马哈鱼、鲕鱼、竹荚鱼 猪肉、鳕鱼、鳗鱼、青豌豆、西蓝花、舞茸 生菜、牛蒡、青木瓜、羊栖菜、寒天、燕麦片、薏仁粉	大马哈鱼、香鱼、鲅鳙肝脏、香芹菜、罗勒、植物油、南瓜 鸡蛋黄、鳗鱼、豆苗、西蓝花、大豆、西红柿、长蒴黄麻、菠菜	香芹菜、芜菁、胡萝卜、卷心菜、土豆、白萝卜、油菜、甘薯、西蓝花、青椒、秋葵 生菜、西红柿、芹菜、苦瓜

A：寒冷时期的防癌食谱

食用大马哈鱼和富含维生素E的卷心菜能防止体内过氧化，促进血液循环。食用蚬汤也能保护肝脏。

食材

* ★ 蚬汤(或清水)……250 mL
* 大马哈鱼……80 g
* 豆腐……1/6块
* 卷心菜……30 g(约1片)
* 花菜……30 g(约1朵)
* 红辣椒……30 g(约1/5个)
* 发酵黄豆(参考第58页)……1大勺
* 肉桂油……1小勺半
* 苹果醋……1小勺
* 樱虾……少许
* 青海苔……少许

做法

1. 向锅中倒入蚬汤煮沸，放入大马哈鱼，撇去浮沫后煮3分钟左右。

2. 将卷心菜、花菜、红辣椒切碎，和豆腐、发酵黄豆一起放入锅中煮。大约5分钟后拿出放入容器中冷却。

3. 待冷却后，再加入肉桂油、苹果醋、樱虾、青海苔，用手混合即可。

B：炎热时期的防癌食谱

猪肉搭配富含维生素B$_1$的长蒴黄麻食用，可以缓解夏日疲劳；食用夏季蔬菜能给狗狗补充维生素C，提高狗狗的免疫力。

食材

* ★ 鸡汤(或清水)……250 mL
* 猪腿肉……40 g   ● 猪肝……30 g
* 苦瓜……30 g(约1/8根)
* 长蒴黄麻……20 g(1/5袋)
* 茄子……20 g(约1/4个)
* 西蓝花……15 g(约1朵)
* 紫苏叶……片   ● 香芹菜……少许
* 发酵蔬菜(参考第58页)……1大勺
* 寒天棒……约6 cm   ● 小西红柿……1个
* 舞茸干……2~3朵
* 干姜粉……1耳勺

做法

1. 向锅中倒入鸡汤，煮沸后放入猪腿肉、猪肝，撇去浮沫后大约煮5分钟。将寒天棒用水浸泡备用。

2. 将长蒴黄麻焯水后用菜刀剁碎。将苦瓜、茄子、西蓝花和小西红柿切成细丁。

3. 将苦瓜、茄子、西蓝花、小西红柿和舞茸干放入步骤1中的锅中煮5分钟左右。将浸泡好的寒天棒沥干水分，用手撕碎放入锅中煮至融化。融化之后，将所有食材放入容器中冷却。

4. 冷却之后，放入步骤2中的长蒴黄麻、切碎的紫苏叶、香芹菜、发酵蔬菜和干姜粉，用手混合即可。

3 有助于肠胃调养的食谱

引起肠胃不良的原因可能是季节交替、暴饮暴食以及压力过大等。
平时要让狗狗多吃膳食纤维和发酵食品，调节狗狗的肠胃。
如果狗狗出现腹泻或者呕吐的症状，要注意给狗狗补充水分，防止脱水。

A 有黏液的食材可以保护胃肠黏膜

食用低脂肪的猪里脊和维生素C可以预防感染；家
山药和青海苔能保护胃肠黏膜；奎藜和酸奶能调节
肠胃。对于肠胃虚弱的狗狗，苹果醋是适合日常食
用的食材。

食材
- ★ 海带汤（或清水）……250 mL
- ● 猪里脊……80 g
- ● 家山药……50 g（约2cm）
- ● 红辣椒……30 g（约1/5个）
- ● 胡萝卜……20 g（约2cm）
- ● 菜豆……15 g（约2根）
- ● 牛蒡……12 g（约4cm）
- ● 舞茸干……约2~3朵
- ● 酸奶……1大勺
- ● 奎藜……1大勺
- ● 苹果醋……1小勺
- ● 干姜粉……1耳勺
- ● 青海苔……1小撮

做法

1. 将牛蒡用水浸泡5分钟左右，切成细丁。将猪里脊切成适合大小。将红辣椒、菜豆切成细丁。将奎藜放入耐热容器中，倒入50 mL水，放在微波炉里加热5~6分钟后放置12分钟左右。

2. 向锅中放入猪里脊、牛蒡、红辣椒翻炒，再倒入海带汤，撇去浮沫后煮5分钟左右。然后加入步骤1中的菜豆和舞茸干煮3分钟，最后捞出放入容器中冷却。

3. 冷却之后，放入捣碎的家山药和胡萝卜，然后放入酸奶、奎藜、苹果醋、干姜粉和青海苔，用手混合即可。

B

促进肠胃运动，防止便秘

大马哈鱼富含维生素E，能促进血液循环，激活肠胃运动；土豆和西蓝花中的膳食纤维也能促进肠胃运动；寒天能充分吸收水分，滋润干燥的肠道。

肠胃病拜拜！

食材

- ★ 海带汤（或清水）……250 mL
- 大马哈鱼……85 g（1小片）
- 土豆……70 g（约1/2个）
- 白菜……50 g（约1/2片）
- 西蓝花……20 g（约2朵）
- 胡萝卜……20 g（约2cm）
- 小西红柿……1个
- 寒天棒……约6 cm
- 柠檬汁……1小勺
- 味噌……1耳勺
- 干姜粉……1耳勺
- 青海苔……1耳勺

做法

1. 将白菜、土豆切成细丁，和大马哈鱼一起放入锅中翻炒，然后加入海带汤煮5分钟左右。

2. 待食材煮熟后，将西蓝花和小西红柿切成丁放入锅中，撇去浮沫后煮大约5分钟。

3. 将寒天棒用手撕碎，放入锅中煮3分钟左右，将食材倒入容器中冷却。

4. 冷却之后，刨入胡萝卜碎，再加入柠檬汁、味噌、干姜粉和青海苔，用手混合即可。

调养肠胃的要点

注意保护胃肠黏膜和防止身体脱水

造成狗狗肠胃不良反应的原因有很多。正常的腹泻是身体为了排出毒素而做出的自然反应，因此不是所有肠胃不良都能通过抑制腹泻来解决。有的时候为了防止狗狗身体脱水也得花一些心思。如果狗狗持续腹泻，就要给狗狗吃糊状的食物，方便吸收消化。另外，如果狗狗便便中出现黏膜，一定要注意维持狗狗的大肠温度。狗狗如果出现便血，也要适当给狗狗的大肠降温。如果狗狗腹泻比较严重，出现精神萎靡的情况，一定要带狗狗去宠物医院。

◎可选的食材

膳食纤维 （促进肠胃运动，抑制炎症）
洋菇、香芹菜 土豆、卷心菜、甘薯、白菜、西蓝花、 花菜、香菇、舞茸 生菜、芹菜、牛蒡、木瓜、羊栖菜、 寒天、燕麦片、薏仁粉

C
维持肠道温度，解决黏膜便

当大肠有炎症的时候，可以给狗狗吃芜菁、洋菇、紫苏叶等温热性食物。芜菁叶富含维生素，可以将其焯水之后给狗狗吃。

食材

- ★ 海带汤（或清水）……250 mL
- 秋刀鱼……1条
- 芜菁（含叶）……70 g（约1个）
- 南瓜……40 g（约4 cm）
- 莲藕……30 g（1.5 cm）
- 胡萝卜……20 g（约2 cm）
- 紫苏叶……1片
- 洋菇……10 g（1个）
- 纳豆……1小勺
- 苹果醋……1小勺
- 干姜粉……1耳勺
- 鲣鱼干……1小撮

做法

1. 将秋刀鱼切成3块，将肉和鱼骨分离。向锅中倒入海带汤，煮沸。放入秋刀鱼骨，撇去浮沫后煮3分钟左右。

2. 将秋刀鱼肉、芜菁、南瓜、莲藕、洋菇切成细丁放入锅中煮5分钟左右。将芜菁叶焯水，切碎后放入锅中煮。

3. 捞出秋刀鱼骨，将剩下的食材转移到容器中冷却。

4. 冷却之后，刨入胡萝卜碎，再加入切碎的紫苏叶、苹果醋、干姜粉、鲣鱼干，用手混合。最后放上纳豆即可。

发酵食品 （促进善玉菌的繁殖）	维生素C （提高免疫力）	黏蛋白 （保护和修复黏膜，提高蓄水能力）	谷氨酰胺 （促进消化管黏膜细胞生成）
纳豆、味噌、苹果醋、 酒糟 酸奶、芝士、发酵蔬菜、 发酵黄豆	香芹菜、芜菁 胡萝卜、卷心菜、萝卜、油菜、 西蓝花、青椒、花菜、菜芽、秋葵、 土豆、甘薯、红辣椒 生菜、西红柿、芹菜、苦瓜	纳豆 山药、秋葵、芋头、莲藕 长蒴黄麻	鸡胸肉、大马哈鱼、沙丁鱼、青 花鱼、杂鱼干、沙丁鱼仔 猪瘦肉、芝士、鳕鱼、虾夷扇贝、 鸡蛋、鲣鱼干、大豆

D
给肠道降温，解决便血

当小肠有炎症的时候，要以寒凉性食材为主。马肉是蛋白质食物中唯一的寒性肉，为了促进消化吸收，建议生吃。

食材

- ★ 蚬汤（或清水）……250 mL
- ● 生马肉（冷冻）……80 g
- ● 苹果……50 g（约1/8个）
- ● 黄瓜……40 g（约半根）
- ● 胡萝卜……30 g（约1cm）
- ● 油菜……30 g（约1株）
- ● 生菜……20 g（约1片）
- ● 秋葵……1个
- ● 本葛粉……1大勺
- ● 苹果醋……1小勺
- ● 柠檬汁……1小勺

做法

1. 向锅中倒入蚬汤煮沸，将胡萝卜和苹果捣碎后放入锅中煮3分钟左右。

2. 将油菜和秋葵焯水，将生菜切碎，然后一起放入锅中。将黄瓜切碎，稍微加热一下。

3. 锅中剩少许汤汁，将煮好的食材捞出，放上冷冻的生马肉。一边解冻马肉一边冷却食材。

4. 锅中剩少许汤汁，点火，放入本葛粉至水位，熬制之后倒入步骤3中的食材中。

5. 待食材冷却后，倒入苹果醋和柠檬汁，用手混合即可。

4 有助于**皮肤保养**的食谱

引起狗狗皮肤病的原因有很多。首先我们需要让狗狗的血液循环保持畅通。一旦狗狗的血液循环受阻，身体的排毒功能就会减弱，继而会出现一系列的皮肤病症状。另外，如果狗狗的肝脏能发挥解毒功能，通过皮肤排出的毒素就会减少。

A 用丰富的牛磺酸和发酵黄豆解毒

食用蚬汤和金枪鱼能补充牛磺酸，增强肝脏的解毒功能。南瓜和菠菜富含谷胱甘肽，能够抑制皮肤炎症。纳豆富含生物素，可以保持皮肤健康。

食材

- ★ 蚬汤（或清水）……250 mL
- 金枪鱼……80 g
- 南瓜……30 g（约3 cm厚）
- 胡萝卜……20 g（约2 cm）
- 菠菜……15 g（约半株）
- 紫苏叶……1片
- 发酵黄豆（参考第58页）……1大勺
- 燕麦片……1大勺
- 纳豆……1小勺
- 杂鱼干……若干

做法

1. 将南瓜切成小块。将菠菜焯水后切碎。将燕麦片用适量热水浸泡之后，放到微波炉中加热2分钟。

2. 向锅中倒入蚬汤煮沸，放入切好的南瓜和杂鱼干，煮3分钟左右。煮好之后再加入金枪鱼、发酵黄豆和菠菜，稍煮片刻后将食材盛出，冷却备用。

3. 待食材冷却后刨入胡萝卜碎，再加入切碎的紫苏叶、燕麦片和杂鱼干搅拌均匀。最后放入纳豆即可。

◎可选的食材

生物素 （激活皮肤细胞，排出废物）	牛磺酸 （增强肝脏解毒能力）	谷胱甘肽 （缓解细胞和皮肤的氧化， 增强肝脏功能）	锌 （促进细胞再生）	β－葡聚糖 （增强免疫力）
肝脏（猪、牛） **猪肉、鸡蛋、香菇、** **干香菇、芝麻、黄豆粉、** **大豆** 青海苔	竹荚鱼、金枪鱼、沙丁鱼、 鲕鱼、青花鱼、 鲷鱼、杂鱼干 **秋刀鱼、鳕鱼、** **虾夷扇贝、牡蛎** 花蛤、蚬	南瓜、肝脏（猪、牛、鸡） **猪肉、鳕鱼、牡蛎、西蓝花、** **芦笋、土豆** 菠菜、鳄梨、小西红柿	牛肉、肝脏（猪、牛）、沙丁鱼、 大马哈鱼、青花鱼、杂鱼干、 南瓜 **猪肉、牡蛎、鲤鱼、芝士、芝** **麻、舞茸、大豆、红辣椒粉** 青海苔、马肉	**舞茸、松茸、杏鲍菇** 蟹味菇、大麦、燕麦片、 海带

B 富含生物素，能调养肠胃

猪肉、舞茸和黄豆粉富含生物素，
能激活皮肤细胞，促进废物排出。
食用酒糟不仅能暖身，促进血液循
环，据说还能降低过敏的风险。

食材

- ★ 蚬汤（或清水）……250 mL
- ● 猪腿肉……90 g
- ● 西蓝花……20 g（约1朵）
- ● 小西红柿……2个
- ● 胡萝卜……20 g（约2cm）
- ● 芦笋……15 g（约2根）
- ● 发酵蔬菜
  （参考第58页）……1大勺
- ● 舞茸干……3～4朵
- ● 黄豆粉……1小勺
- ● 本葛粉……1大勺
- ● 芝麻……1小勺
- ● 酒糟……少许

做法

1. 向锅中放入蚬汤和舞茸干煮沸，再放入猪腿肉，撇去浮沫后煮3分钟左右。
2. 将西蓝花、小西红柿和芦笋切成细丁，放入步骤1中的锅中煮5分钟后，倒出食材盛盘冷却，锅中留1/5的汤汁。
3. 开火，继续加热汤底，然后倒入本葛粉至水位，熬制片刻，倒入步骤2中的容器中。
4. 待食材冷却之后刨入胡萝卜碎，再放入发酵蔬菜、黄豆粉、芝麻和酒糟，用手混合均匀即可。

皮肤调养的要点

配合饮食积极运动

调养皮肤疾病需要配合饮食管理，再通过适度的运动促进血
液循环，让免疫细胞保持活力。如果免疫细胞充满活力，肝
脏就能顺利排出毒素。同时，良好的血液循环能促进血液中
的废物代谢，可以有效缓解皮肤病。

A
加入低脂肪鱼肉的
热米饭

B
用蚬汤和膳食纤维
增强肝功能

5 有助于肝脏调养的食谱

肝脏是能排出毒素和有毒物质的解毒器官，也是一个拥有能够代谢营养元素、储藏维生素等强大功能的内脏器官。

给狗狗补充丰富的维生素，即便是偶尔有空才做给狗狗吃，也能有效调养狗狗的肝脏。

C
补充丰富的维生素，
增强肝功能

D
用猪肝
调养肝脏

39

调养肝脏的要点

硫代葡萄糖苷 （增强肝脏的解毒功能）	维生素B$_{12}$ （促进红细胞生成）
芜菁 卷心菜、羽衣甘蓝、西蓝花、花菜、白萝卜、青梗菜、白菜、油菜 豆瓣菜、小红萝卜、水菜	大马哈鱼、沙丁鱼、肝脏（牛、猪、鸡）、香鱼、青花鱼、鲣鱼、鲣鱼干 牡蛎、鳕鱼 蚬、海苔、花蛤、马肉

帮助肝脏解毒，增强肝功能

导致肝脏功能指标数值变高的原因有很多。有很多狗狗就是因为药物、食物和环境的影响导致胆脏受损。在这种情况下，为了减轻狗狗肝脏的损伤，需要帮助肝脏解毒，促进肝细胞的再生。另外，因为只要一摄入营养物，肝脏就会不停地运作，所以暴饮暴食可能会导致肝脏过度运作。因此为了保证狗狗的肝脏有足够的休息时间，不能给狗狗吃过多的饭食和零食。

A：加入低脂肪鱼肉的热米饭

要减轻肝脏负担，减少脂肪摄入是一个很有效的办法。低脂肪的鳕鱼富含维生素B$_1$，能帮助糖类代谢。另外，食用拥有强大解毒功效的茼蒿也能保护肝脏。

食材

* ★ 海带汤（或清水）……250 mL
* 鳕鱼……80 g（约1小片）
* 白萝卜……80 g（约3 cm）
* 莲藕……60 g（约3 cm）
* 胡萝卜……20 g（约2 cm）
* 茼蒿……20 g（约3株）
* 芝麻……1小撮
* 薏仁粉……1小勺
* 青海苔……1小撮

做法

1. 将茼蒿焯水后切碎。
2. 向锅中倒入海带汤煮沸。放入鳕鱼，撇去浮沫后煮3分钟左右。然后加入莲藕、白萝卜泥和薏仁粉煮4分钟。
3. 最后放入茼蒿煮片刻后将所有食材转移到容器中冷却。
4. 冷却之后，刨入胡萝卜碎，加入芝麻和青海苔，用手混合均匀即可。

B：用蚬汤和膳食纤维增强肝功能

蚬汤是护肝的代表性食物。食用鲣鱼能促进蛋白质合成；食用芜菁能增强肝脏解毒功能，也是保护肝脏强有力的助手。蔬菜中的膳食纤维也能帮助身体排出废物。

食材

* ★ 蚬汤（或清水）……250 mL
* 鲣鱼……90 g
* 芜菁（含叶）……60 g（约半个）
* 甘薯……50 g（约1/5个）
* 芜菁叶……20 g（约1个芜菁的叶）
* 芹菜……20 g（约1/5株）
* 蟹味菇……30 g（约1/4捆）
* 杂鱼干……若干
* 本葛粉……1大勺

做法

1. 将甘薯、芜菁、芹菜和蟹味菇切成丁。将芜菁叶焯水后切碎。
2. 向锅中倒入蚬汤煮沸，再放入鲣鱼，撇去浮沫后煮大约3分钟后，捞出鲣鱼备用。
3. 将切好的甘薯、芜菁、芹菜、蟹味菇和杂鱼干放入步骤2中的锅中，煮5分钟左右后将食材盛盘冷却，锅中剩少许汤汁。
4. 将锅中的汤汁煮沸，倒入本葛粉至水位，熬制片刻后倒入步骤3中的容器中。待食材冷却后，用手混合均匀即可。

维生素C （增强肝脏解毒功能）	维生素B$_1$ （促进糖代谢）	维生素B$_2$ （促进脂肪代谢）	牛磺酸 （增强肝功能）
香芹菜、芜菁 胡萝卜、白萝卜、花菜、卷心菜、油菜、 青椒、菜芽、土豆、甘薯、 红辣椒、秋葵 生菜、西红柿、芹菜、苦瓜	肝脏（牛、猪、鸡） 猪肉、鳕鱼、鳗鱼、舞茸 小米、燕麦片、长蒴黄麻	肝脏（牛、猪、鸡）、 猪心、纳豆 芝士、乳清、鸡蛋、舞茸、香菇、 鳕鱼、豆腐渣 海苔、裙带菜、羊栖菜	竹荚鱼、鲕鱼、沙丁鱼、青花鱼、 金枪鱼、鲷鱼、杂鱼干 秋刀鱼、鳕鱼、虾夷扇贝、牡蛎 花蛤、蚬

C：补充丰富的维生素，增强肝功能

各类中性蔬菜中富含维生素C，能大大提高肝脏的解毒能力。燕麦片中含有维生素B$_1$，能促进新陈代谢。鸡蛋具有强大的抗氧化作用，能预防肝脏氧化。

食材

- ★ 鸡汤（或清水）……250 mL
- 鸡胸脯肉……2小块　蛋黄……1个
- 花菜……40 g（约3瓣）
- 苹果……40 g（约1/8个）
- 胡萝卜……20 g（约2 cm）
- 红辣椒……30 g（约1/6个）
- 菜豆……15 g（约2根）
- 西蓝花苗……少许
- 燕麦片……1大勺
- 干姜粉……1耳勺

做法

1. 将红辣椒、花菜、菜豆切成丁。将燕麦片用适量热水提前浸泡。

2. 向锅中倒入鸡汤煮沸。放入鸡胸脯肉、切好的红辣椒、花菜和菜豆，再刨入苹果碎，撇去浮沫后煮5分钟左右。

3. 将食材出锅盛盘，将鸡胸脯肉用手撕成细条，冷却备用。

4. 将浸泡好的燕麦片放到微波炉里加热2分钟，然后倒入步骤3中的容器中。

5. 待所有食材冷却后，放入干姜粉、西蓝花苗和蛋黄，用手混合均匀即可。

D：用猪肝调养肝脏

中医有句老话：吃什么补什么。如果身体哪个内脏出了问题，可以通过直接食用其他动物的类似内脏来修复。狗狗肝脏受损时，也可以搭配其他动物的肝脏和姜黄粉来修复。

食材

- ★ 蚬汤（或清水）……250 mL
- 猪肝……75 g
- 南瓜……50 g（约4 cm厚）
- 豆瓣菜……10 g（2~3株）
- 西蓝花……20 g（约1朵）
- 小西红柿……2个
- 洋菇……1个
- 姜黄粉……1/3小勺
- 味噌……1耳勺

做法

1. 将猪肝切成适合大小。将南瓜、豆瓣菜、西蓝花、小西红柿和洋菇切成丁。

2. 将锅加热，放入猪肝、南瓜、洋菇和姜黄粉翻炒。然后倒入蚬汤和西蓝花，撇去浮沫后煮大约8分钟后，加入小西红柿再煮片刻。

3. 将食材出锅盛盘冷却。冷却之后，放入味噌和豆瓣菜，用手混合均匀即可。

6 有助于关节保养的食谱

保护关节最重要的就是要摄取优质的蛋白质，当狗狗关节出现疼痛或炎症的时候要充分摄取维生素

A
温热性的食材能驱寒暖身，增强肌肉力量

B
黏糊糊的食材能补充钙质，保护关节

关节保养的要点

通过摄取优质的蛋白质来保护关节

当狗狗关节发生疼痛的时候，不仅无法正常运动，还会引起血液循环受阻等各种疾病。

如果担心狗狗的关节发育，可以以增强肌肉力量的优质蛋白质类食材为主，搭配富含强健骨骼的钙质、促进软骨再生的软骨素和能保护关节的葡萄糖胺这三种营养元素的食材给狗狗食用。此外，促进胶原蛋白合成的维生素C和缓解关节炎的ω-3脂肪酸，都是十分有效的营养成分。

钙 （强健骨骼）	软骨素 （促进软骨再生）	葡萄糖胺 （保护关节软骨）	维生素C （促进胶原蛋白合成， 抗氧化作用）	ω－3脂肪酸 （缓解关节疼痛）
樱虾、沙丁鱼、 小竹荚鱼 **羽衣甘蓝、飞鱼** 羊栖菜、裙带菜、海带、 裙带菜根	**纳豆** 鱼翅、鳗鱼、泥鳅、 比目鱼、海参、鸡皮、 山药、芋头、 **秋葵、滑菇**	樱虾、纳豆 鳗鱼、牡蛎、山药、秋葵 舞茸、香菇、平菇、 金针菇 蟹味菇、裙带菜根	香芹菜、芜菁 胡萝卜、白萝卜、西蓝花、 花菜、卷心菜、油菜、青椒、 菜芽、甘薯、红辣椒、秋葵 生菜、西红柿、芹菜、苦瓜	大马哈鱼、 鲥鱼 青花鱼、 沙丁鱼、秋刀鱼、金枪鱼、 荏子油、 紫苏油、亚麻籽油、 大麻油 **鳗鱼**

A：温性的食材能驱寒暖身，增强肌肉力量

鸡的翅根和软骨富含软骨素和胶原蛋白，能保护关节。食用温性食材能促进血液循环。但是如果狗狗有严重的炎症，要将温性食材替换成凉性蔬菜。

食材

- ★ 清水……250 mL
- ● 鸡翅根……140 g（约2个）
- ● 鸡软骨……30 g（约4个）
- ● 白萝卜……60 g（约2 cm）
- ● 南瓜……45 g（约4 cm厚）
- ● 红辣椒……40 g（约1/6个）
- ● 羽衣甘蓝……15 g（约1片）
- ● 洋菇……1个
- ● 干姜粉……1耳勺
- ● 脱脂干酪……15 g

做法

1. 将白萝卜、南瓜、红辣椒、洋菇成切成丁。将羽衣甘蓝焯水后切碎。

2. 向锅中放入清水、鸡翅根和鸡软骨煮沸，撇去浮沫后煮10分钟左右。再放入切好的南瓜、红辣椒和洋菇，煮大约5分钟。

3. 将食材出锅盛盘，加入步骤1中处理好的羽衣甘蓝，然后放置冷却。

4. 冷却后，放入干姜粉、脱脂干酪，用手混合均匀即可。

B：黏糊糊的食材能补充钙质，保护关节

沙丁鱼骨、鱼仔，裙带菜，以及纳豆都富含钙质，能促进骨骼的生成。维生素C也有强健骨骼的功效，是保护关节必不可少的营养元素。

食材

- ★ 蚬汤（或清水）……250 mL
- ● 沙丁鱼……1条
- ● 油菜……40 g（约2株）
- ● 西蓝花……20 g（约1朵）
- ● 滑菇……25 g
- ● 裙带菜根……15 g
- ● 纳豆……1小勺
- ● 沙丁鱼仔……5 g
- ● 青海苔……1小撮
- ● 干姜粉……1耳勺
- ● 鲣鱼干……若干

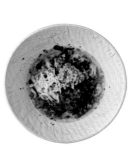

做法

1. 分离出沙丁鱼骨。将西蓝花、滑菇切成丁。将油菜焯水后切碎。

2. 向锅中倒入蚬汤煮沸，放入沙丁鱼骨煮5分钟后捞出备用。

3. 将沙丁鱼肉、西蓝花和滑菇放入步骤2中的锅中，待食材煮熟后，盛盘冷却。

4. 冷却后，放入青海苔、干姜粉、裙带菜根、沙丁鱼仔、鲣鱼干和油菜，搅拌均匀后再放入纳豆即可。

7 有助于肾脏调养的食谱

肾脏是能够处理毒素和代谢物的内脏器官。
运动以及摄入温性食材能提高身体代谢。
摄取有强大利尿作用的食材，能增强身体的排泄功能。

A 生鹿肉和蔬菜能提高抗氧化作用

低脂低卡的鹿肉含有丰富的蛋白质，可以给需要控制蛋白质摄入的狗狗食用。即使狗狗的饭量减少了，食用鹿肉也能在一定程度上保证蛋白质的摄入，还能有效预防肾贫血。另外，有针对性地保护肾脏固然很重要，但也不能忽视狗狗的免疫力。食用黄绿色蔬菜能补充丰富的维生素C，帮助狗狗维持免疫力。

食材

- ★蚬汤（或清水）……250 mL
- ● 生鹿肉（冷冻）……60 g
- ● 卷心菜……30 g（约1片）
- ● 小西红柿……30 g（约2个）
- ● 西蓝花……30 g（约2朵）
- ● 秋葵……10 g（约1个）
- ● 舞茸干……2~3朵
- ● 樱虾……若干
- ● 红豆粉……1小勺
- ● 寒天棒……约6 cm
- ● 苹果醋……1小勺

做法

1. 提前用水浸泡寒天棒。将卷心菜切成细丝，将小西红柿和西蓝花切成丁。将秋葵焯水后切碎。

2. 向锅中倒入蚬汤煮沸，再加入舞茸干、切好的卷心菜、西蓝花、小西红柿以及红豆粉，煮3分钟左右。然后将浸泡好的寒天棒用手撕碎，放入锅中煮至融化。

3. 将冷冻鹿肉放到容器中，加入步骤2中的食材，一边解冻鹿肉一边冷却食材。待食材冷却后，放入切碎的秋葵、樱虾和苹果醋，用手混合均匀即可。

B
动物肾脏能帮助细胞再生

狗狗肾脏不好的时候推荐食用动物肾脏（腰子）。动物肾脏具有利尿的作用，能有效排出毒素。冬瓜是具有利尿功效的代表性蔬菜。另外，红豆粉也能保护肝脏。不过，一周只适合给狗狗喂食一次动物肾脏。

食材

- ★ 海带汤（或清水）……250 mL
- ● 猪肾脏（腰子）……70 g
- ● 冬瓜……70 g（约1/50个）
- ● 家山药……50 g（约2cm）
- ● 青椒……20 g（约1/2个）
- ● 胡萝卜……20 g（约2cm）
- ● 发酵黄豆
  （参考第58页）……1大勺
- ● 蕴藻……1大勺
- ● 红豆粉……1小勺
- ● 青海苔……1小撮
- ● 干姜粉……1耳勺

做法

1. 将冬瓜、青椒切成细丁。
2. 向锅中倒入海带汤煮沸，再加入猪肾脏，煮熟后放入切好的冬瓜、青椒和发酵黄豆，煮8分钟左右。
3. 出锅盛盘，放入家山药泥后放置晾凉。
4. 晾凉后，刨入胡萝卜碎，再放入蕴藻、红豆粉、青海苔和干姜粉，用手混合均匀即可。

◎可选的食材

EPA、DHA （提高免疫力，抑制炎症）	维生素B （保护肾脏）
竹荚鱼、大马哈鱼、鲥鱼、 沙丁鱼、青花鱼、金枪鱼、 带鱼、杂鱼干 鳕鱼、鲣鱼、秋刀鱼	肝脏、大马哈鱼、 舞茸干、洋菇、纳豆 猪肉、红豆、大豆、芝麻、 香菇、鸡蛋 青海苔、燕麦片、 羊栖菜

清除代谢物

中医认为，肾是"生气之根"，关系寿命。血液流过肾脏，会将代谢物和多余的水分带出。因此肾脏具有调整身体的水分代谢，发出制造血液的指令等多项作用。如果肾脏运作异常，体内的水平衡就会遭到破坏，还可能引发肾结石。为了预防这些疾病，我们需要让狗狗摄入充分的蔬菜和水分。帮助狗狗吸收必要的水分，排出废物是很重要的。

C 磷酸铵镁结石护理

人们普遍认为大多数结石都源自尿路炎症，因此预防结石首先必须要预防感染。如果狗狗已经患有肾结石，就要有意识地让其减少钾和磷的摄入。鸡肉的磷含量很低，可以把鸡胸肉绞成肉末给狗狗吃。

食材

- ★ 鸡汤（或清水）……250 mL
- 鸡胸肉末……80 g
- 生菜……60~90 g（约2~3片）
- 白萝卜……60 g（约2.5 cm）
- 豆芽……20 g（约20根）
- 芦笋……12 g（约2根）
- 小西红柿……2个
- 燕麦片……1大勺
- 苹果醋……1小勺

做法

1. 提前用适量热水浸泡燕麦片。将生菜切成丝，将芦笋切成段，将小西红柿切成丁。

2. 向锅中倒入鸡汤煮沸，将鸡胸肉末捏成丸子放入锅中。待丸子煮熟后，刨入白萝卜碎，撇去浮沫后煮5分钟左右。

3. 将切好的生菜、芦笋和小西红柿放入锅中，煮熟后出锅盛盘，放置冷却。

4. 将浸泡好的燕麦片放到微波炉中加热2分钟，然后和苹果醋一起放到步骤3中的容器中。待所有食材冷却后，用手混合均匀即可。

维生素C （提高免疫力）	钾 （利尿）	维生素A、β–胡萝卜素
香芹菜、芜菁 胡萝卜、白萝卜、西蓝花、花菜、卷心菜、 油菜、青椒、菜芽、土豆、甘薯、 红辣椒、秋葵 生菜、西红柿、芹菜、苦瓜	芜菁、南瓜 山药、甘薯、大豆类、芋头、胡萝卜、 卷心菜芽、红豆 菠菜、豆芽、羊栖菜、冬瓜、裙带菜、海带、 青海苔、茄子、黄瓜、生菜	肝脏（猪、牛、鸡）、紫苏叶、南瓜 胡萝卜、油菜、蛋黄 芦笋、菠菜、青海苔

食材

★ 蚬汤（或清水）……250 mL
● 小竹荚鱼……70 g（约4条）
● 南瓜……40 g（约4 cm厚）
● 茄子……30 g（约1/2根）
● 芹菜……20 g
● 胡萝卜……20 g（约2 cm）
● 洋菇……8 g（1个）
● 海带干丝……1大勺
● 干姜粉……1耳勺
● 青海苔……1小撮

做法

1. 将南瓜、茄子、芹菜和洋菇切成丁。将小竹荚鱼去头和内脏。

2. 向锅中倒入蚬汤煮沸，再加入小竹荚鱼、茄子、芹菜和洋菇，撇去浮沫后煮8分钟左右。

3. 将食材倒入容器中冷却。

4. 冷却后刨入胡萝卜碎，再放入海带干丝、干姜粉和青海苔，用手混合均匀即可。

D
草酸钙结石护理

当肠道内的钙质不足时，草酸无法随粪便排出体外，就会被运输到尿液中，草酸和尿液中的钙相结合，不断积累就形成了结石。为了预防草酸钙结石，首先要增加肠道内的钙质，同时要减少摄入草酸含量较高的食物。

8 有助于**心脏调养**的食谱

心脏是维持生命最重要的内脏器官。
狗狗每天通过散步强健心肌的同时，也要通过摄入各类食物来保持心脏活力，
健康成长。

◎可选的食材

EPA、DHA（维持血管健康）
竹荚鱼、大马哈鱼、 鲕鱼、沙丁鱼、 青花鱼、金枪鱼、 带鱼、杂鱼干 鳕鱼、鲣鱼、秋刀鱼

A 促进血液循环，保持血液流动畅通，帮助心脏调养

狗狗以富含维生素Q的鲣鱼为主食，能增强心脏活力。食用发酵黄豆能排出血液中多余的脂肪，青木瓜也能有效保护心脏，强化心脏功能。

食材

- ★ 蚬汤（或清水）……200 mL
- 鲣鱼……80 g
- 青木瓜……50 g（约1/6个）
- 西蓝花……30 g（约2朵）
- 菠菜……15 g（约1/2株）
- 小西红柿……15 g（约1个）
- 发酵黄豆（参考第58页）……1大勺
- 紫苏叶……1片
- 裙带菜根……1小勺
- 亚麻籽油……1小勺
- 鲣鱼干……1小撮
- 干姜粉……1耳勺

做法

1. 将青木瓜、西蓝花和小西红柿切成细丁。将菠菜焯水后切碎。
2. 向锅中倒入蚬汤煮沸，再放入鲣鱼，撇去浮沫后煮大约3分钟后，捞出鲣鱼放到容器中备用。
3. 将切好的青木瓜、西蓝花和小西红柿再放入锅中煮3分钟左右。
4. 待蔬菜煮熟后倒入容器中，加上步骤1中的菠菜，放置一旁冷却。冷却之后，放入切碎的紫苏叶、裙带菜根、干姜粉、亚麻籽油和鲣鱼干，用手混合均匀即可。

调养心脏的要点

注意运动和饮食的平衡

不论狗狗有无心脏疾病，随着年龄的增长，心脏功能都会逐渐衰退。饮食健康固然很重要，但也要注意让狗狗的心肌保持适度的运动。EPA和DHA是调养心脏必需的营养元素。增加给狗狗摄取鱼类的次数并搭配上富含膳食纤维的各类蔬菜能调养狗狗心脏。

维生素Q （增强心脏活力）	膳食纤维 （排出血液中多余的脂肪）	维生素E （预防动脉硬化）	维生素C （强化血管壁）
沙丁鱼、金枪鱼、猪肝、 动物心脏 **西蓝花、花菜、土豆、** **黄豆粉、鲣鱼** 菠菜	洋菇、香芹菜 **土豆、甘薯、西蓝花、卷心菜** 生菜、牛蒡、芹菜、青木瓜、羊栖菜、 寒天、燕麦粉、薏仁粉	香鱼、植物油、南瓜 **鲣鱼、蛋黄、大豆** 西红柿、长蒴黄麻	香芹菜、芜菁、南瓜 **胡萝卜、白萝卜、西蓝花、花菜、** **卷心菜、油菜、青椒、菜芽、甘薯、** **红辣椒、秋葵** 生菜、西红柿、芹菜、苦瓜、青海苔

B

既利尿又增强心脏功能

食用多种具有利尿效果的蔬菜和薏仁粉，能减轻心脏负担。青花鱼富含EPA和DHA，能保持血管健康；而燕麦片中的膳食纤维也有保持血液流动畅通的功效。

食材

- ★ 海带汤（或清水）……150 mL
- 豆浆……80 mL
- 青花鱼……80 g
- 秋葵……10 g（约1根）
- 花菜……40 g（约2朵）
- 生菜……15 g（约1片）
- 胡萝卜……20 g（约2cm）
- 西蓝花苗……少许
- 舞茸干……2~3朵
- 羊栖菜……7 g
- 燕麦片……1大勺
- 薏仁粉……1小勺

做法

1. 提前用适量热水浸泡燕麦片。将花菜、生菜和舞茸干切成丁。将秋葵敲打后备用。

2. 向锅中倒入海带汤煮沸。将青花鱼切成适合大小放入锅中，撇去浮沫后煮大约3分钟后，加入切好的花菜、舞茸干、羊栖菜、薏仁粉和豆浆，再煮3分钟。最后放入生菜稍煮片刻，将所有食材倒入容器中冷却。

3. 将浸泡好的燕麦片放到微波炉里加热2分钟。

4. 待步骤2中的食材冷却后刨入胡萝卜碎，再放入秋葵、燕麦片和西蓝花苗，用手混合均匀即可。

◎可选的食材

维生素C
（预防白内障、晶状体的氧化）
香芹菜、芜菁 胡萝卜、白萝卜、西兰花、花菜、卷心菜、油菜、青椒、菜芽、土豆、甘薯、红辣椒、秋葵 生菜、西红柿、芹菜、苦瓜

狗狗的眼睛疾病比我们想象的还要多。
保证狗狗血液循环良好，并调节体内水平衡，就能有效预防眼睛疾病。

A
富含维生素，
保护狗狗的眼睛

摄取富含维生素的黄绿色蔬菜，
能有效保护眼部细胞。

食材

★ 蚬汤（或清水）⋯⋯200 mL
● 鲽鱼⋯⋯90 g
● 红辣椒⋯⋯40 g（约1/6个）
● 甘薯⋯⋯40 g（约1/5个）
● 紫甘蓝⋯⋯30 g（约1片）

● 发酵蔬菜
　（参考第58页）⋯⋯1大勺
● 香芹菜⋯⋯少许
● 白芝麻⋯⋯1小撮
● 杂鱼干⋯⋯3~4条
● 荏子油⋯⋯半茶匙

做法

1. 将紫甘蓝切成丝，将红辣椒和甘薯切细丁。
2. 向锅中倒入蚬汤煮沸，加入鲽鱼煮大约3分钟后，加入切好的红辣椒、甘薯和紫甘蓝再煮4分钟左右，盛出食材放置一边冷却。
3. 冷却后去除鲽鱼骨，再放入发酵蔬菜、香芹菜、白芝麻、杂鱼干和荏子油，用手混合均匀即可。

调养眼部的要点

维生素是调养眼部不可或缺的营养元素

维生素D和β-胡萝卜素能维持眼部功能。维生素A能预防眼部干涩，而维生素C可以强化眼部毛细血管，预防白内障。维生素是维持眼部健康不可或缺的营养元素。因此平时要积极地给狗狗摄入各类维生素。

虾青素	花青素	维生素A、β-胡萝卜素	维生素B₁	维生素B₂
（眼部抗氧化作用）	（缓解眼睛疲劳，保护视力）	（保护和修复眼部细胞黏膜）	（增强视神经活力）	（促进脂肪代谢）
大马哈鱼、樱虾、金眼鲷	红紫苏 **红豆、黑豆、南方越橘、覆盆子、加州梅、苹果、紫甘蓝、黑芝麻、紫薯** 草莓、茄子	肝脏（牛、猪、鸡）、紫苏叶、南瓜、罗勒、鮟鱇肝脏、鸡心、香鱼 **胡萝卜、油菜、红辣椒、羽衣甘蓝、菜豆、落葵、蛋黄、鳗鱼、鳕鱼** 芦笋、青海苔、裙带菜、寒天、苦瓜、长蒴黄麻、菠菜	肝脏（牛、猪、鸡）、大马哈鱼、竹荚鱼、鲥鱼、真鲷、舞茸 **猪肉、鳕鱼、鳗鱼、青豌豆、西兰花** 小米、燕麦片、长蒴黄麻	肝脏（牛、猪、鸡）、猪心、纳豆 **芝士** 裙带菜、羊栖菜

B
有助于预防白内障的饭食

肝脏和眼睛的关系十分紧密，强化肝脏功能也有助于维持眼部健康。猪肉富含维生素B₁，能有效保护肝脏。

食材

- ★ 海带汤……180 mL
- ● 豆浆……70 mL
- ● 猪肝……1小片
- ● 红辣椒……40 g（约1/4个）
- ● 卷心菜芽……1个
- ● 芜菁（含叶）……60 g（约半个）
- ● 胡萝卜……20 g（约2 cm）
- ● 菜芽……约20根
- ● 舞茸干……1朵
- ● 樱虾……2~3只
- ● 鲣鱼……1小撮
- ● 干姜粉……1耳勺
- ● 红豆粉……1小勺
- ● 芝麻油……1小勺

做法

1. 将猪肝切成块，将红辣椒、卷心菜芽和芜菁叶切碎。如果狗狗患有结石，就要另起锅将芜菁叶先焯水再切碎。

2. 向锅中倒入芝麻油，待油热之后放入步骤1中的食材，再倒入豆浆和水煮大约7分钟。将芜菁切成细丁，放入锅中再稍煮片刻，然后将食材倒入容器中冷却。

3. 冷却后刨入胡萝卜碎，再加入干姜粉、红豆粉、舞茸干、菜芽、樱虾和鲣鱼干，用手混合均匀即可。

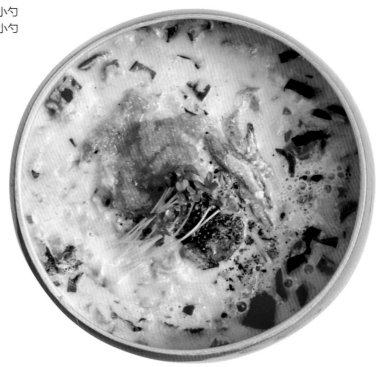

10 有助于促进血液循环的食谱

血液能够调节体内的水分，将酶和营养输送到身体各个细胞。
而且血液在维持体温和增强免疫力方面发挥着重要的作用。
接下来我们就来选择一些有助于制造血液、强化血管、帮助血液循环畅通的食材吧。

A
用淡水鱼之王——香鱼，促进血液循环

维生素E是能促进血液循环的代表性营养元素，而香鱼又是鱼类中维生素E含量丰富的鱼。尤其是在香鱼的盛产期，十分推荐给狗狗食用香鱼。香鱼搭配维生素E和维生素C，能起到增强抗氧化作用的功效。

食材

- ★ 海带汤（或清水）……200mL
- ● 小香鱼……65g（约6条）
- ● 芋头……60g（约1大个）
- ● 胡萝卜……20g（约2cm）
- ● 冬瓜……50g（约1/50个）
- ● 牛蒡……15g（约5cm）
- ● 紫苏叶……1片
- ● 发酵黄豆（参考第58页）……1大勺
- ● 纳豆……1小勺
- ● 味噌……1耳勺
- ● 干姜粉……1耳勺

做法

1. 将冬瓜切成小块，将牛蒡和芋头焯水后切成细丁。
2. 向热锅中放入小香鱼，轻炒几下。
3. 倒入海带汤煮沸，撇去浮沫后煮大约3分钟。再将切好的冬瓜、牛蒡、芋头放入锅中煮5分钟左右后，盛出放入容器中冷却。
4. 冷却后刨入胡萝卜碎，再加入发酵黄豆、味噌、紫苏叶和干姜粉，用手混合均匀。最后放入纳豆即可。

促进血液循环的要点

积极摄入蔬菜，促进血液循环

促进血液循环的关键在于同时摄取维生素E和维生素C。维生素E能够扩张毛细血管，促进血液流动，而维生素C能增强抗氧化作用。各类蔬菜中富含膳食纤维，能帮助狗狗排出血液中多余的脂肪，促进血液循环畅通。纳豆也可以经常给狗狗吃。

◎可选的食材

EPA、DHA （促进血液循环）	维生素P （促进毛细血管运动）	膳食纤维 （去除血液中多余的脂肪）	多酚 （具有很强的抗氧化作用，预防动脉硬化）	硫黄化合物 （促进血液流动畅通）	维生素E （预防动脉硬化，促进毛细血管的血液循环）
竹荚鱼、大马哈鱼、鲕鱼、沙丁鱼、青花鱼、金枪鱼、带鱼、杂鱼干、鹿肉、**鳕鱼、鲣鱼、秋刀鱼**	香芹菜、**柠檬、苹果、杏**、西红柿、橘子、橙子、葡萄柚、菠菜、荞麦面	舞茸、蘑菇、香芹菜、**土豆、甘薯、西蓝花、花菜、卷心菜、白菜、香菇**、生菜、牛蒡、芹菜	姜黄、生姜、纳豆、味噌、红紫苏、**南方越橘、李子、紫甘蓝、紫薯、糙米、大豆**、茄子、草莓	大蒜、芜菁、卷心菜、白萝卜、西蓝花苗	南瓜、香鱼、鮟鱇肝脏、大马哈鱼、植物油、香芹菜、罗勒、**蛋黄、大豆、西蓝花、苜蓿、羽衣甘蓝、豆苗、鳗鱼**、西红柿、长蒴黄麻、菠菜

【食材】

- ★鸡汤（或清水）……200 mL
- ● 牛肉……90 g
- ● 茄子……40 g（约半个）
- ● 小西红柿……30 g（约2个）
- ● 青椒……20 g（约半个）
- ● 秋葵……10 g（约1个）
- ● 羊栖菜……1小勺
- ● 豆腐……45 g
- ● 姜黄粉……1耳勺
- ● 苹果醋……半小勺
- ● 干姜粉……1耳勺
- ● 本葛粉……1大勺

【做法】

1. 将茄子、小西红柿、青椒和秋葵切成细丁，将羊栖菜切碎。
2. 向锅里放入牛肉翻炒片刻，然后盛出备用。
3. 将切好的茄子、小西红柿、青椒、羊栖菜、豆腐和姜黄粉放入步骤2中的锅中翻炒。
4. 然后倒入鸡汤煮沸，3分钟后，将食材倒入容器中，锅中留少许汤汁。
5. 将汤底煮沸，倒入本葛粉至水位，熬制片刻后，倒入步骤4中的食材中。待食材冷却后，放入苹果醋和干姜粉，用手混合均匀即可。

膳食纤维和多酚能帮助血液循环畅通 B

牛肉为主菜，加上姜黄粉和干姜粉。食用牛肉有助于造血，姜黄粉和干姜粉富含具有抗氧化作用和能预防动脉硬化的多酚。通过摄取丰富的膳食纤维，帮助狗狗排出体内多余的脂肪吧。

11 有助于糖尿病调养的食谱

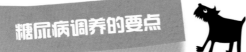
糖尿病调养的要点

保持胰腺健康是预防糖尿病的关键

胰腺分泌的胰岛素是唯一能降低血糖的激素。因此，积极摄取含有能增强胰岛素活性的锌元素的食材，以及含有能降血糖成分或富含膳食纤维的蔬菜，能有效预防糖尿病。

◎可选的食材

膳食纤维 （降低血糖，增加肠内细菌）	维生素B$_1$ （促进糖类代谢）	维生素D （和钙质一同促进 胰岛素的分泌）	钙 （促进胰岛素分泌）	锌 （促进细胞再生）
洋菇、香芹菜 **土豆、卷心菜、** **甘薯、西蓝花** 生菜、羊栖菜、芹菜、 寒天、牛蒡、燕麦片、 青木瓜、薏仁粉	肝脏（牛、猪、鸡）、 大马哈鱼、鲕鱼、竹荚鱼、 真鲷、舞茸、 **猪肉、鳕鱼、鳗鱼、** **青豌豆、西蓝花** 燕麦片、小米、长蒴黄麻	沙丁鱼仔、沙丁鱼、 杂鱼干、秋刀鱼、 大马哈鱼、香鱼、鳗鱼、 黑带银带鲱、舞茸 **木耳、香菇**	樱虾、沙丁鱼、小竹荚鱼、 黑带银带鲱 **羽衣甘蓝、飞鱼** 羊栖菜、裙带菜、海带	沙丁鱼、大马哈鱼、牛肉、 青花鱼、杂鱼干、 肝脏（猪、牛）、 舞茸、南瓜 **猪肉、牡蛎、红辣椒粉、** **鲤鱼、芝麻、芝士、大豆** 马肉、青海苔

牡蛎富含锌元素，能增强胰岛素的活性

食材

- ★ 海带汤（或清水）……250 mL
- 鸡胸肉末……50 g
- 牡蛎……2个
- 鹌鹑蛋……1个
- 油菜……20 g（约1/3捆）
- 胡萝卜……20 g（约2 cm）
- 山药……50 g（约2 cm）
- 牛蒡……40 g（约1/3根）
- 菜芽……约20根
- 舞茸干……1朵
- 纳豆……1小勺
- 萝卜干……10 g
- 干姜粉……1耳勺
- 红豆粉……1小勺

做法

1. 将萝卜干提前用水浸泡10分钟。将鹌鹑蛋下水煮片刻。将油菜焯水后沥干水分切碎。将山药捣碎，将牛蒡切成细丝。
2. 向锅中倒入海带汤煮沸，将鸡胸肉末捏成丸子放入锅中。撇去浮沫，待丸子浮起来后再煮3~4分钟。然后放入处理好的牛蒡和萝卜干再煮大约4分钟。
3. 将牡蛎放入锅中，煮熟后加入油菜和山药。大概煮30秒后，关火盛盘冷却。
4. 冷却之后，放入胡萝卜碎、菜芽、红豆粉和干姜粉，用手混合均匀。最后再放入纳豆即可。

12 有助于急性胰腺炎调养的食谱

调养急性胰腺炎的要点

摄取低脂低糖、方便消化的食物

可以给患有急性胰腺炎的狗狗喂食富含消化酶的生食和营养补助品，并以低脂低糖为原则搭配食材。另外，要适当减少膳食纤维的摄入，蔬菜要提前煮熟，分次少量地给狗狗吃。

◎可选的食材

钒（降血糖）	镁（增强酶的活性）	低脂蛋白质（减轻消化负担）	发酵食品（调养肠胃）	维生素B$_{12}$
洋菇、香芹菜、小杂鱼、沙丁鱼、青花鱼、**鸡蛋、大豆**、花蛤、蚬、海鞘、海带、裙带菜、羊栖菜	芝麻、大豆、寒天、裙带菜、青海苔、海带、羊栖菜、西瓜	鹿肉、鸡胸肉（去皮）、鲷鱼、金枪鱼、**比目鱼、鲣鱼、鲽鱼**、马肉	纳豆、味噌、苹果醋、酒糟、**酸奶、发酵蔬菜、发酵黄豆**	大马哈鱼、沙丁鱼、肝脏（牛、猪、鸡）、香鱼、青花鱼、**牡蛎、鳕鱼、鲣鱼**、蚬、海苔、花蛤、马肉

将食材煮熟，促进消化

食材

- ★蚬汤（或清水）……200 mL
- 生马肉（冷冻）……80 g
- 土豆……70 g（约1/2个）
- 西葫芦……60 g（约1/4根）
- 西蓝花……30 g（约2朵）
- 发酵黄豆（参考第58页）……1大勺
- 奎藜……1大勺
- 裙带菜根……1小勺
- 肉桂油……1勺

做法

1. 将西蓝花、西葫芦和土豆切成细丁。将奎藜放到耐热容器中，倒入50 mL水，然后放到微波炉里加热5~6分钟后，静置15分钟左右。
2. 向锅中倒入蚬汤煮沸。然后加入切好的西蓝花、西葫芦和土豆，煮大约5分钟。
3. 将冷冻马肉放入容器中，浇一点步骤2中的汤汁，放到一边解冻。
4. 解冻完后，将其他食材也倒入盛马肉的容器中冷却。
5. 冷却后，浇上肉桂油，用手混合均匀。最后放入纳豆即可。

13 生病时需要注意的 食材排行榜

要记在脑子里！

肾功能不全、患有磷酸铵镁结石 的时候

狗狗的肾功能一旦减弱，不仅会减少钾的排出，磷的代谢也会受到抑制，因此要控制摄入富含钾和磷的食材。相反，磷含量很少的食材可以放心给狗狗食用。

✗ 钾含量高（每100g）

1. 海带、裙带菜、羊栖菜6 400～8 200 mg
2. 香芹菜3 600 mg
3. 萝卜干3 500 mg
4. 西红柿干3 200 mg
5. 海苔2 500 mg
6. 舞茸、香菇2 500 mg
7. 大豆类（黄豆粉、豆子）2 000 mg
8. 沙丁鱼1 600 mg

○ 钾含量低（每100g）

1. 蛋黄87 mg
2. 西瓜132 mg
3. 豆腐149 mg
4. 酸奶170 mg
5. 青木瓜190 mg
6. 滑菇230 mg
7. 猪肉250 mg
8. 香菇272 mg

✗ 磷含量高（每100g）

1. 杂鱼干1 500 mg
2. 樱虾1 200 mg
3. 沙丁鱼仔860 mg
4. 芝士850 mg
5. 鲣鱼790 mg
6. 鸡蛋、海苔、舞茸700 g
7. 黄豆粉680 mg
8. 苋菜籽540 mg

○ 磷含量低（每100g）

1. 牡蛎100 mg
2. 牛肉、猪肉135 mg
3. 鸡肉160 mg
4. 毛豆170 mg
5. 秋刀鱼180 mg
6. 纳豆190 mg
7. 酸奶196 mg
8. 竹荚鱼229 mg

患有急性胰腺炎和心脏疾病 的时候

胆固醇摄入过多可能会引起动脉硬化，增加血液中的胆固醇浓度，从而会加重胰腺和心脏的负担。因此，要尽量避免摄入饱和脂肪酸含量过多的食物。

✗ 饱和脂肪酸含量高（每100g）

1. 棕榈油83.96 mg
2. 椰子油74 mg
3. 黄油50.56 mg
4. 猪里脊（从肩到背部的肉）32 mg
5. 牛里脊32 mg
6. 打发奶油28 mg
7. 猪腿肉27 mg
8. 天然奶酪21 mg

○ 不饱和脂肪酸含量高（每100g）

1. 鲣鱼0.12 mg
2. 金枪鱼0.2 mg
3. 鸡胸肉0.22 mg
4. 鹿肉0.44 mg
5. 猪里脊（脊柱骨内侧左右的肉）0.56 mg
6. 大马哈鱼0.66 mg
7. 马肉0.8 mg
8. 猪肝0.86 mg

不同的食材有不同的功效，
狗狗生病的时候也有忌讳的食材。
针对不同的疾病，
下文列举了一些忌讳物质含量较高和较低的食材。
如果狗狗患病了，请按照下文选择合适的食材！

患有草酸钙结石

的时候

草酸钙结石就是草酸盐和钙在肾脏内形成的石头。食材要充分焯熟，并通过水分的稀释减少草酸的含量。

✖ 草酸含量高（每100g）

1. 菠菜800mg
2. 卷心菜300mg
3. 西蓝花300mg
4. 花菜300mg
5. 生菜300mg
6. 甘薯250mg
7. 茄子200mg
8. 白萝卜、芜菁50mg

⭕ 钙含量高（每100g）

1. 罗勒粉2 800mg
2. 杂鱼干2 200mg
3. 干地椒1 700mg
4. 樱虾1 500mg
5. 晒干香芹菜1 300mg
6. 羽衣甘蓝1 210mg
7. 肉桂油、芝麻1 200mg
8. 鲣鱼840mg

患癌症

的时候

糖是癌细胞的能量来源。虽然要尽量控制狗狗对糖类物质的摄入，但是也有很多含糖的有益食物，因此要考虑食材的分量和营养平衡，灵活选择。

✖ 糖含量高（每100g）

1. 主食面包89.36mg
2. 粉丝83mg
3. 红豆41mg
4. 糙米34.2mg
5. 精白米36.8mg
6. 栗子32.5mg
7. 甘薯29.2mg
8. 香蕉21.4mg

⭕ 特制食品（每100g）

1. 大蒜
2. 卷心菜
3. 卷心菜芽
4. 生姜
5. 胡萝卜
6. 大豆
7. 芹菜
8. 欧洲防风

注：特制食品就是为了预防癌症而特别定制的食品。

试着来做耗时短、
对肠道有益的乳酸发酵食物

　　乳酸发酵食物不仅做法简单，对维持肠胃健康也很有效果。做一次能保存好几天，即使是在忙碌的早上，只要用勺子舀一勺，放在狗粮或者自己做的食物里，搅拌一下就可以给狗狗吃了。而且发酵食物能将蔬菜中的水分、维生素和益生菌汇集起来，输送到肠道的各个地方。

　　乳酸菌属于肠内细菌的一种。作为一种有益细菌，乳酸菌数量的增加会提高肠道的酸性，从而增强肠胃的消化吸收能力，促进肠道运动，而且还能改善便秘和腹泻，增强免疫力。

　　发酵食物的做法非常简单。只要将一些蔬菜或菌菇浸在盐水中，然后放置在一边即可。可以选择的蔬菜有白萝卜、胡萝卜、芹菜、黄瓜、苹果和卷心菜等。菌菇推荐舞茸、羊栖菜、杏鲍菇、洋菇、香菇和金针菇等。推荐常备这些容易储存的乳酸发酵蔬菜。

食材

- 水……300 mL
- 岩盐……3 g
- 喜欢的蔬菜（至少2~3种）
  或者菌菇（1种也行）……250 g

做法

1. 将储存罐过沸水备用。将蔬菜切碎，将菌菇过一下热水，将盐加水溶解。

2. 将蔬菜或菌菇放入储存罐，倒入步骤1中的盐水，然后盖上盖子（不要密封）。

3. 将食物在室内阴凉处※放置1~3天即可。在拧紧盖子的情况下，发酵食物可以在冰箱里存放2周左右。

注：给狗狗吃的时候要把腌汁沥干。如果担心狗狗摄入盐分过多，可以适当将发酵食物加水稀释后再给狗狗食用。
如果狗狗很难消化蔬菜，可以把腌菜捣成糊状再给狗狗吃。
腌汁里含有很多乳酸菌和糖分，千万不要扔掉。可以在做汤、咖喱和炖菜的时候将腌汁加在汤汁里，或者掺入油做成沙拉调料汁，灵活运用在我们自己的饭菜里。

第三章 | 四季
护理食谱

1春分

数据

时间：2—3月	
效果：解毒	
可选的食材：牡蛎、茼蒿、豆瓣菜、菠菜、芹菜、油菜花、柠檬、姜黄粉	

俗话说，一年之计在于春。春天能不能做好解毒工作，关系到一年的健康平衡调整。
接下来让我们一起帮助狗狗去除体内的毒素，通过排尿等方式将毒素排出体外，调养狗狗的身体吧。

用苦味蔬菜促进排毒

食材

- ★ 蚬汤（或清水）……250 mL
- 猪肝……80 g
- 白萝卜……60 g（约2cm）
- 胡萝卜……40 g（约5cm）
- 牛蒡……30 g（约7cm）
- 茼蒿……15 g（约2株）
- 豆瓣菜……15 g（3~4株）
- 苹果醋……1小勺
- 姜黄粉……1小勺
- 芝麻油……少许

（如果用的是特氟龙涂层不粘锅或
其他不粘锅，就不需要芝麻油）

做法

1. 在锅中放入芝麻油。将猪肝、白萝卜、胡萝卜切成适合大小，等油热后和姜黄粉一同放入锅中翻炒。炒熟后倒入蚬汤，撇去浮沫后煮5分钟左右。

2. 将牛蒡用水浸泡5分钟左右，然后将其捣碎放入锅中再煮5分钟左右。

3. 将煮好的食材倒入容器中。将茼蒿焯水后切碎，然后一同放入容器冷却。

4. 冷却后，放入苹果醋和豆瓣菜，用手混合均匀即可。

要点

苦味蔬菜能促进排毒

茼蒿和豆瓣菜等蔬菜中含有很多苦味的成分，有促进排毒的功效，是比较适合在春分食用的食材。而且除了促进排毒，姜黄粉中富含的姜黄素还能增强肝脏功能。

牡蛎能补充锌、矿物质和维生素

食材

- ★ 蚬汤（或清水）……250 mL
- 牡蛎……大的1~2个
- 菠菜（或油菜花）……30 g
- 芹菜……15 g
- 柠檬……少许
- 蟹味菇……40 g

- 裙带菜……10 g
- 寒天棒……约6 cm
- 味噌……1耳勺
- 干姜粉……1耳勺
- 鲣鱼……1小撮
- 小麦粉……适量
  （如果狗狗不能吃也可以不加）

做法

1. 提前用水浸泡寒天棒。将牡蛎沾点小麦粉，放到锅中煎一会儿后取出，然后倒入蚬汤煮沸；将芹菜切成适当长度的段，和蟹味菇一同放入锅中煮3分钟左右。

2. 将煎好的牡蛎放入锅中，将浸泡好的寒天棒用手撕碎，放入锅中煮至融化。

3. 将食材倒入容器中，将菠菜焯水后切碎，和味噌、鲣鱼、干姜粉一同放入容器中冷却。

4. 冷却后，再放入切好的裙带菜和少量柠檬，用手混合均匀即可。

要点

一年吃一次，就能强健身体的牡蛎

 牡蛎富含维生素B₁₂、锌和具有抗氧化作用的矿物质硒元素，可以每年给狗狗吃2~3次。牡蛎搭配上富含维生素C的柠檬，能促进身体对矿物质的吸收。

夏天从养"心"开始

2立夏

进入夏天，气温开始上升，算是一年中相当宜居的节气了。随着情绪的高涨，心脏的运动也变得活跃起来。通过摄入丰富的时令蔬菜来维持狗狗的身心健康吧。

数据

时间：4—5月	
效果：调养心脏	
可选的食材：芦笋、蚕豆、青豌豆、虾夷扇贝、枸杞子	

用绿色"三兄弟"来缓解疲劳，促进血液循环

食材

★ 鸡汤（或清水）……250 mL
○ 鸡翅根……约3个
　（如果鸡汤是现做的话）
○ 芦笋……60 g（约3根）
○ 土豆……60 g（约半个）
○ 蚕豆……50 g（约10颗）
○ 青豌豆……40 g（约1/3杯）
○ 紫苏叶……1片
○ 薏仁粉……1大勺
○ 荏子油……1小勺

做法

1. 根据第9页的窍门做好鸡汤（或者用高汤）。

2. 将土豆切成圆薄片，将芦笋切成适当长度的段。将蚕豆连着豆荚一同放入热水中煮2分钟，放入青豌豆再煮大约3分钟后，然后将食材捞出沥干水分备用。

3. 向锅中放入做好的鸡汤，煮沸，然后放入切好的土豆和芦笋煮大约3分钟后，加入煮好的蚕豆和青豌豆再煮5分钟。将土豆煮软，就可以关火冷却了。

4. 冷却后加入薏仁粉，用搅拌机将其搅拌至无颗粒状后倒入容器中，放入切碎的紫苏叶、荏子油。如果鸡汤是现做的，也可以加入去骨的翅根肉，最后用手混合均匀即可。

要点

5月，食用绿色时令蔬菜调养心脏

芦笋、蚕豆、青豌豆都是可以用来帮助消除疲劳和促进血液循环的食材，还具有调养心脏的功效。这道浓汤式的饭食，即使不放鸡肉，丰富的膳食纤维对肠胃也很有好处。

虾夷扇贝和枸杞子能缓解疲劳，帮助血压正常化

食材

- ★ 蚬汤（或清水）……180 mL
- 虾夷扇贝……70 g（4~5个）
- 生菜……45 g（3~4片）
- 油菜……25 g（约1把）
- 豆浆……70 mL
- 本葛粉……1大勺
- 干姜粉……1耳勺
- 枸杞子……若干

做法

1. 将生菜切成段，和虾夷扇贝一起放入锅中翻炒片刻。然后倒入蚬汤，煮沸后，加入枸杞子和豆浆煮2分钟左右。

2. 将食材倒入容器中，锅中剩少量汤汁。

3. 将剩下的汤底煮沸，放入本葛粉至水位，熬制一会儿后倒入步骤2中的容器中。

4. 将油菜焯水后切碎，待食材冷却后，和干姜粉一同放入容器中，用手混合均匀即可。

要点

这个季节吃虾夷扇贝功效多多

虾夷扇贝中的牛磺酸能够缓解疲劳，帮助血压正常化；丙氨酸可以增强肝脏的解毒功能；锌能促进新陈代谢。枸杞子能够通气，适合在容易心情低落的季节交替时给狗狗食用。

3 梅雨

时间：6—7月

效果：利尿去水肿

可选的食材：竹荚鱼、鲈鱼、冬瓜、豆芽、玉米、黄瓜、菜豆、卷心菜、鲜香菇、红豆

在高温潮湿的梅雨季节，狗狗不仅体内的水平衡容易被打乱，而且可能由于缺乏运动而导致患上各种皮肤病或出现中暑、腹泻等身体不适症状。接下来让我们一起帮助狗狗促进排尿，排出体内的湿气吧。

通过摄取能调养脾脏的食材来增强肠胃功能

食材

★ 蚬汤（或清水）……250mL
- 竹荚鱼……1条
- 鸡蛋……1个
- 卷心菜……40g（约1片）
- 玉米……带棒芯30g（约1/10根）
- 菜豆……20g（约2~3根）
- 鲜香菇……15g（约1个）
- 薏仁粉……1大勺
- 干姜粉……1耳勺
- 本葛粉……1大勺

做法

1. 将竹荚鱼切成三段。将卷心菜切成丝，将菜豆切成段，将鲜香菇切成细丁。将玉米用保鲜膜包住放到微波炉里加热2分钟（或焯水），然后沿着玉米棒将玉米粒削下来。

2. 向锅中倒入蚬汤煮沸，然后放入竹荚鱼骨继续煮大约2分钟后，放入竹荚鱼肉、鲜香菇、卷心菜、菜豆、薏仁粉，再煮

3分钟左右，捞出鱼骨。

3. 打1个鸡蛋，倒入步骤2中的锅中快速搅拌，待蛋白凝固之后关火。

4. 锅中剩少许汤汁，捞出食材倒入容器中，放入玉米和干姜粉，放置冷却。

5. 将汤底继续加热煮沸，放入本葛粉至水位，待溶解后倒入步骤4中的容器中。待所有食材冷却后，用手混合均匀即可。

要点

搭配去湿气的食材

竹荚鱼中富含的物质能帮助去除狗狗体内的湿气，是适合梅雨季节食用的鱼类。玉米、菜豆、鲜香菇和卷心菜也有同样的功效。如果狗狗脾脏中残留着湿气，很可能会引起肠胃疾病，因此多给狗狗吃一些去湿气的食材吧。

摄入能利尿的蔬菜帮助去除水肿

食材

- ★ 海带汤（或清水）……250 mL
- ● 鲈鱼……80 g（约1小片）
- ● 山药……70 g（约3cm）
- ● 冬瓜……65 g（约1/50个）
- ● 豆芽……20 g（约20根）
- ● 黄瓜……20 g（约1/5根）
- ● 紫苏叶……1片
- ● 干姜粉……1耳勺
- ● 红豆茶……100 mL（或红豆粉 2小勺）

做法

1. 将冬瓜、山药、黄瓜切成适合大小。将豆芽和紫苏叶切碎。

2. 向锅中倒入海带汤煮沸，放入鲈鱼，撇去浮沫后煮大约2分钟。然后放入冬瓜和红豆茶（或红豆粉泡水），再煮4分钟左右。

3. 将切碎的豆芽放入锅中稍煮片刻后关火，将食材倒入容器中。将捣烂的山药放入锅中后，放在一边冷却。

4. 冷却之后再放入切碎的紫苏叶和干姜粉，用手混合均匀即可。

要点

· · · · · · · · · · · · · · · · · · · ·

促进排尿，调养肾脏

冬瓜、豆芽和黄瓜富含钾元素，是具有强大利尿功效的蔬菜；鲈鱼中富含的物质也能帮助排尿，再加上红豆，这些食物组合而成的食物能帮助狗狗排出体内的代谢物和多余的水分，减轻肾脏的负担。

4大暑

数据

时间：7—8月	
效果：预防空调病，调节肠胃	
可选的食材：带鱼、香鱼、紫苏叶、西葫芦、长蒴黄麻、秋葵、茄子、西红柿、肉桂油、寒天	

近年来，由于夏天十分炎热，很多狗狗24小时都待在空调房里，导致体内虚寒。
室内外的温差会扰乱狗狗的自主神经系统，还会引起狗狗腹泻呕吐，因此要调节狗狗的体内环境。

改善由空调引起的体寒

食材

- ★ 鸡汤（或清水）……250 mL
- 羊羔子肉……90 g
- 鹌鹑蛋……3个
- 小西红柿……3个
- 西蓝花……20 g（约1朵）
- 花菜……20 g（约1朵）
- 胡萝卜……15 g（约2cm）
- 苹果……15 g（约1/8个）
- 柠檬……少许
- 洋菇……2个
- 肉桂油……1耳勺
- 本葛粉……1大勺

做法

1. 将西蓝花、胡萝卜、花菜和苹果按滚刀切成块。将鹌鹑蛋煮熟后剥掉蛋壳。

2. 向锅中放入羊羔子肉煎熟，然后倒入鸡汤，撇去浮沫煮大约3分钟。再放入胡萝卜、洋菇煮3分钟后，加入西蓝花、花菜、苹果和小西红柿煮3分钟左右。

3. 锅中剩少许汤汁，将食材倒入容器中，加入鹌鹑蛋和肉桂油，放置一边冷却。

4. 将汤底煮沸，倒入本葛粉至水位，煮至溶解后倒入步骤3中的容器中。待食材都冷却后，挤一点柠檬汁，然后用手混合均匀即可。

要点

让在空调房里冰凉的身体暖和起来

羊羔子肉能够保护身体的热量不流失，肉桂油也有暖身的效果，将两者搭配在一起吃能使功效翻倍。总之要点就是不要选择清凉解热的夏季蔬菜，要以中性蔬菜为主要食材。

通过摄入柠檬酸来缓解疲劳，促进血液循环

食材

★ 海带汤（或清水）……200 mL
- 带鱼……80 g（约1小段）
- 长蒴黄麻……25 g（约5株）
- 黄瓜……20 g（约1/5根）
- 西葫芦……20 g（约1/10根）
- 芹菜……10 g（约1/10株）
- 嫩玉米棒……10 g（约1个）
- 紫苏叶……1片
- 梅干……1小片
- 干姜粉……1耳勺
- 寒天棒（或寒天粉）……1g

做法

1. 将寒天棒用水浸泡5~10分钟。将海带汤煮沸后将放入干姜粉，将泡软的寒天棒用手撕碎放入锅中煮至融化。将食材煮好后晾凉，放入冰箱冷藏至形成果冻状。

2. 将黄瓜、西葫芦、芹菜切成细丁，将嫩玉米棒切成条状。将长蒴黄麻焯水，捶打至有黏液出现。

3. 向锅中倒入300 mL热水煮沸，然后放入带鱼煮4分钟后，再加入黄瓜、西葫芦、芹菜和嫩玉米棒煮2分钟。捞出食材用笊篱沥去水分（汤汁不要扔掉，可以下次做汤的时候使用，或者加入寒天做成小零食）。

4. 将带鱼去骨，和蔬菜一同倒入容器中。将步骤1中做好的寒天冻拿出来，也放入容器中，再加入切碎的紫苏叶、捶好的长蒴黄麻和梅干，用手混合均匀即可。

要点

通过摄入长蒴黄麻和梅干改善血液循环

梅干富含柠檬酸，能帮助缓解疲劳。长蒴黄麻能抑制血糖上升，富含的黏蛋白可以促进血液循环，解决狗狗运动不足的问题。寒天冻可以给苦夏食欲不振的狗狗食用。

秋意虽近，仍要防暑

5立秋

数据

时间 : 8—9月
效果 : 防暑，缓解苦夏
可选的食材 : 猪肉、秋刀鱼、鲣鱼、苦瓜、青椒、红辣椒、南瓜、生姜、栗子

虽秋意已近，但盛夏的暑热仍有残留。根据这不断变化的气温和湿度，选择每天养生的食材。
一边去暑热，一边拉开秋季的解毒序幕吧！

用猪肉缓解苦夏，缓解疲劳

食材

- ★ 蚬汤（或清水）……250 mL
- ● 猪腿肉……90 g
- ● 南瓜……40 g（约4 cm厚）
- ● 苦瓜……35 g（约1/8个）
- ● 西红柿……150 g（约1个中等大小的）
- ● 青椒……20 g（约半个）
- ● 红辣椒……20 g（约1/8个）
- ● 柠檬……少许
- ○ 燕麦片……1大勺
- ○ 肉桂油……1耳勺

做法

1. 将南瓜、苦瓜、西红柿、青椒和红辣椒切成丁。将燕麦片用适量热水浸泡。

2. 将锅烧热，放入猪腿肉、南瓜、苦瓜、西红柿、青椒、红辣椒和肉桂油翻炒（炒出来的猪油不要）。炒熟后，倒入蚬汤煮5分钟左右，将食材倒入容器中。

3. 在耐热容器中放入燕麦片和水，放在微波炉里加热2分钟，然后倒入步骤2中的容器中。待食材冷却后，挤一些柠檬汁，用手混合均匀即可。

要点

黄绿色蔬菜补充维生素

维生素能缓解疲劳，促进血液循环。黄绿色蔬菜富含维生素C，猪肉富含维生素B₁，搭配食用可以给狗狗双层呵护。燕麦片不仅有利尿作用，还能去除水肿。

青色的鱼类中含有EPA，能促进血液循环

食材

- ★ 海带汤（或清水）……250 mL
- ○ 秋刀鱼……150 g（约1条）
- ○ 茄子……35 g（约半个）
- ○ 秋葵……1个
- ○ 干香菇……2~3个
- ○ 蕴藻……1大勺
- ○ 菊花……若干
- ○ 黑芝麻……1小撮
- ○ 味噌……1耳勺
- ○ 干姜粉……1耳勺
- ○ 寒天棒……约6 cm

要点

用秋刀鱼释放内热

青色鱼富含DHA和EPA，能有效帮助血液循环畅通。另外，菊花中含有的谷胱甘肽有助于肝脏解毒，搭配青色鱼食用可以促进血液循环，增强身体解毒功能。清扫内热和水肿，然后迎接秋天的到来吧。

做法

1. 将秋刀鱼片切成3段，反复敲打鱼肉（或者去头和内脏，用搅拌机连骨头绞成泥）。将茄子切成适合大小的块状，将秋葵焯下水后切成薄片，将寒天棒用水浸泡5~10分钟。

2. 将捣成泥的秋刀鱼和切碎的蕴藻混合在一起，做成丸子。

3. 向锅中倒入海带汤煮沸，然后放入秋刀鱼丸子和干香菇，撇去浮沫后煮3分钟后，放入茄子后再煮2分钟。

4. 将浸泡好的寒天棒用手撕碎后放入锅中，煮至溶解后，将食材倒入容器中，加入味噌、黑芝麻冷却。冷却后放入步骤1中的秋葵、干姜粉和菊花，用手混合均匀即可。

应对秋乏，预防干燥

6秋分

夏天室内外温差很大，会导致狗狗自主神经系统紊乱，到了秋天狗狗会有秋乏虚弱的症状。
为了解决这个问题，狗狗需要摄取一些有抗氧化作用的秋季蔬菜，从而让各项功能恢复正常。

数据

时间 : 10—11月	
效果 :预防感染和皮肤干燥	
可选的食材 :肝脏、青花鱼、莲藕、甜菜、芋头、家山药、甘薯、舞茸、蟹味菇、苹果	

搭配各种根菜类蔬菜，激活肠道

要点

莲藕和牛蒡能保护黏膜

这款饭食中的莲藕和牛蒡等根菜类蔬菜能帮助清理狗狗肠道，预防秋乏。动物肝脏能补充维生素A，也能够保护狗狗的黏膜。

食材

- ★ 鸡汤（或清水）……200mL
- 鸡肝……60g
- 鸡蛋……1个
- 莲藕……30g（约1.5cm）
- 牛蒡……25g（约8cm）
- 豆腐……30g（约1/4块）
- 深裂鸭儿芹……5株左右
- 白芝麻……少许
- 本葛粉……1大勺
- 芝麻油……少许

做法

1. 将莲藕和牛蒡焯水后切成细丁。将深裂鸭儿芹过一遍热水。

2. 向锅中倒入鸡汤，煮沸后放入鸡蛋和豆腐，撇去浮沫后煮大约4分钟。然后放入切好的莲藕丁和牛蒡再煮2分钟。之后将食材倒入容器中。

3. 向平底锅中放少许芝麻油，开中火，然后将打好的鸡蛋全部摊入锅中，用筷子一边搅动一边翻炒。将鸡蛋炒至松软就可以关火了，然后出锅倒入步骤3中的容器中。

4. 将汤底煮沸，倒入本葛粉至水位，熬好后倒入步骤3中的容器中冷却。冷却后撒上白芝麻和深裂鸭儿芹即可。

给秋乏的身体注入能量

要点

高热量的甜菜能提供能量

甜菜具有改善血液循环的作用。因为甜菜的热量很高，即使量很少也能提供充分的能量，有助于缓解秋季疲劳。牛肉具有积热的功效，秋分之后日渐寒冷，可以开始给狗狗食用牛肉了。

食材

★ 蚬汤（或清水）……250 mL
- 牛瘦肉……90 g
- 甜菜……65 g
- 芋头……60 g（约2小个）
- 胡萝卜……50 g（约5 cm）
- 西蓝花……30 g（约2朵）
- 香芹菜……1~3株
- 脱脂干酪……1大勺

做法

1. 将甜菜、胡萝卜和西蓝花切成小块。将芋头切成薄片放在微波炉里加热2~3分钟（或焯水）。

2. 将锅加热，放入瘦牛肉、甜菜、芋头、胡萝卜和西蓝花翻炒。

3. 将食材煮熟后，倒入蚬汤煮沸，撇去浮沫后煮大约5分钟，待蔬菜变软后倒入容器中，放置冷却。

4. 冷却后，加入脱脂干酪，用手混合均匀即可。

7大寒

数据

时间：12月—次年1月	
效果：预防感染，驱寒	
可选的食材：大马哈鱼、鳕鱼、芜菁、花菜、白菜、西蓝花苗、菜豆、卷心菜芽、干姜粉、酒糟	

狗狗也会畏寒，体温每下降1℃，免疫力就会下降30％；相反，体温每升高1℃，免疫力就能增加到原来的5~6倍。因此要多给狗狗摄入能够激活肠道、提高免疫力的食物。

酒糟和味噌，
双倍发酵食品能有效提高体温

食材

- ★ 鸡汤（或清水）……250 mL
- 鸡胸肉……80 g
- 温泉蛋……1个
- 甘薯……45 g（约1/5个）
- 白萝卜……40 g（约2cm）
- 白菜……40 g（约半片）
- 胡萝卜……20 g（约2cm）
- 酒糟……8 g
- 味噌……1耳勺
- 鲣鱼干……1小撮

做法

1. 将鸡胸肉、甘薯、白萝卜、白菜和胡萝卜切好备用。

2. 将锅加热，放入步骤1中切好的食材翻炒。炒熟后倒入鸡汤，煮沸，撇去浮沫后煮大约10分钟。

3. 将酒糟倒入汤汁中搅拌溶解，开火稍微加热片刻让酒精蒸发，然后倒入容器中，放置冷却。

4. 冷却后，加入味噌、鲣鱼和温泉蛋，用手混合均匀即可。

要点

味噌和酒精组成的最强搭档

味噌和酒精的双倍发酵作用能激活肠道，提升体温。味噌富含身体必需的氨基酸，是维持身体健康必不可少的食材。酒糟能驱寒暖身，提高身体的温度。前两者再加上具有暖身作用的甜菜和时令白菜，能帮助提升狗狗体温。

食材

- ★ 海带汤（或清水）……250 mL
- 大马哈鱼……75 g（1小片）
- 芜菁……50 g（约1个）
- 青梗菜叶……3~4片
- 蟹味菇……25 g（约1/4捆）
- 杏鲍菇……20 g（约半个）
- 奎藜……1大勺
- 干姜粉……1耳勺

做法

1. 向耐热容器中放入1大勺奎藜和 500 mL 水，用微波炉加热5~6分钟，然后静置15分钟让奎藜充分吸收水分。将青梗菜焯水切碎。将芜菁、蟹味菇和杏鲍菇切成丁。

2. 向锅中倒入海带汤煮沸，然后放入大马哈鱼、芜菁、蟹味菇和杏鲍菇，撇去浮沫后煮大约5分钟，然后倒入容器中，放置冷却。

3. 冷却后，放入干姜粉、1大勺奎藜和青梗菜，用手混合均匀即可。

要点

大马哈鱼能增强免疫力，提升体温

富含抗氧化物质的大马哈鱼搭配富含 β - 胡萝卜素的黄豆能有效增强免疫力。大马哈鱼能强健肌肉，提升体温。另外，冬天御寒十分重要，推荐食用干姜粉。

与娜佳一起生活的过程中学会的盖浇汤饭

我们家暖心可爱的小公主现在已经是 15 岁的"老奶奶"了。它的名字叫娜佳，是一只小型雪纳瑞。和娜佳在一起生活的十几年里，我给它做的都是盖浇汤饭。虽然它小时候引以为傲的白色胡须被饭汁染成了茶色，看起来有点暗淡，但我感觉它的身体比 10 年前健康了许多。随着年龄的增长，娜佳的肝功能开始下降，还有发病的症状，我便以护肝的蔬菜为主要食材，搭配上奶蓟草帮助它调养肝脏。

娜佳不愧是雪纳瑞中的小公主，都不肯主动进水。因为年纪大了，它身体的蓄水能力和调节能力都越来越差，所以必须给它吃富含水分的饭食。每次做饭，我都会在 400mL 的汤汁中加入丰富的蔬菜，煮好给它吃。为了提高它身体的蓄水能力，让肠胃黏膜保持湿润，我选择了很多黏糊糊的蔬菜、海藻和容易吸收的寒天等食材。

现在，它已经完全过着老年生活了。它不会来回跑动，消耗的能量很有限，因此基本上不需要摄入能量型的碳水化合物。每年我只会用燕麦片做成小零食给它吃几次。相应它，它需要多吃肉类和鱼类食物。似乎狗狗年纪一大，主人们就会减少给它们的饭食的分量。但是它们的蛋白质代谢和吸收功能已经在衰退了，如果再继续减少蛋白质的摄入量，那么长身体和造血的来源也会随之减少。为了不让娜佳的免疫力下降，我甚至给它多增加了一倍食量。

正因为年纪大了，更要多吃鱼。肉和鱼的分量大约控制在 6:4 的比例。每周我还给它吃 2~3 次鸡蛋，因为它很喜欢吃鸡蛋。

我珍藏的独家秘籍就是我的手。不管给娜佳做什么饭，我都会用手混合食材，为饭食增添一份鲜美。很开心今天娜佳也能美美地吃上一顿。

第四章　来自12个月的款待和餐后甜点

一年之计在正月

祈愿消灾去病的正月料理

说起每年1月的美食，就属正月料理了。
正月料理有丰富的含义，比如煮菜寓意着家人和谐相处。
和家人吃着寓意美好的食物，迎接新的一年吧。

要点

分享一点我们吃的正月料理

新年伊始，让狗狗也和我们一起品尝同样的美食，祈
愿身体健康，开启新的一年吧。在做正月料理的时候，
提前拿出一点没有调过味的食材，分给狗狗吃就行了，
不用另外花费工夫。

◎煮菜

食材 （2~3顿的分量）

● 芋头……150 g（2~3个）
● 胡萝卜……100 g（约半根）
● 莲藕……50 g（约3 cm）
● 豌豆角……3~4个
● 干香菇……3~4小朵

做法

1. 将干香菇放入200 mL热水中，提前浸泡半天，然后切成花状（预留一半用来做高汤）。

2. 将芋头切成六方形的片状后焯水（或用微波炉加热2~3分钟）。将胡萝卜切成梅花形的片状，将莲藕切好备用。将豌豆角过一遍热水。

3. 将浸泡香菇的水煮沸，放入芋头、胡萝卜和莲藕煮15分钟左右（留一大勺汤汁用来制作腌牛蒡和拌菜）。待食材煮熟后放一边冷却，然后倒出盛盘，放入香菇和豌豆角即可。

◎拌菜

食材 （2~3顿的分量）

● 白萝卜……70 g（4~5 cm长的一段）
● 胡萝卜……50 g（4~5 cm）
● 醋……1小勺
● 盐……少许
● 煮菜的汤汁……半小勺

做法

1. 将白萝卜和胡萝卜切成4~5 cm的长度，去皮后纵向切成粗丝儿。

2. 撒上一点盐，待萝卜变软后挤掉水分。

3. 再倒入煮菜的汤汁和醋，混合均匀后即可盛盘食用了。

◎刺身和杂鱼干

食材

● 刺身（金枪鱼、高体鰤、鲈鱼、真鲷等）
● 杂鱼干（无盐型）

做法

1. 将刺身直接装盘。

2. 杂鱼干也可以直接装盘。

◎腌牛蒡

食材 （2~3顿的分量）

● 牛蒡……30 g（约10 cm）
● 白芝麻碎……适量
● 醋……少许
● 煮菜的汤汁……1小勺

做法

1. 将牛蒡切成4~5 cm的长度，再纵向切成4段，放入倒有醋的水中浸泡10分钟左右。然后捞出牛蒡放入锅中，倒入清水至刚没过牛蒡的程度，盖上锅盖煮大约10分钟，直到牛蒡变软。

2. 取出牛蒡放到砧板上，用研磨棒或菜刀捣烂。

3. 最后倒入煮菜的汤汁，撒上白芝麻碎即可盛盘食用了。

◎锦蛋

食材

● 鸡蛋……1个

做法

1. 煮一个鸡蛋，分离蛋白和蛋黄，然后分别过筛。

2. 取一个方形耐热容器（如果容器太大，会导致锦蛋太薄，因此要选用小型的塑料容器），铺上保鲜膜，将过筛后的蛋白紧紧地铺在底层。然后取2/3的蛋黄铺在上面压实。

3. 最后撒上剩下的1/3蛋黄，轻轻盖上保鲜膜，放到微波炉里加热2分钟（或用蒸锅蒸5分钟）。

4. 将鸡蛋取出放入冰箱冷藏至变硬，切好后盛盘即可。

◎高汤

食材

● ★海带汤……200 mL
● 鸡胸脯肉……15 g（约1/3块）
● 家山药……100 g（约4 cm）
● 胡萝卜……10 g（约1 cm）
● 白萝卜……10 g（约0.5 cm）
● 干香菇……半朵
● 干姜粉……少许
● 深裂鸭儿芹……少许
● 柚子皮……少许

做法

1. 向锅中倒入海带汤煮沸，放入鸡胸脯肉，撇去浮沫后煮3分钟。

2. 向锅中加入切成银杏叶片状的白萝卜和胡萝卜（各3~4片），以及干香菇丝煮3分钟左右。

3. 将家山药捣烂，放入功率为600 W的微波炉中加热20秒后取出搅拌，重复2~3次，直到它变成黏稠的泥状。

4. 用勺子将家山药舀到步骤2中的容器中，将它做成年糕的形状。最后加入干姜粉、焯过水的深裂鸭儿芹和柚子皮即可。

依然寒冷的时期

有助于抵抗寒冷的节分（译者注：对立春前一天的称呼）"黄鬼"

节分依旧比较寒冷，我选择了具有暖身作用的食材，制作了一款"小鬼"金团。再用脱脂干酪装饰成云朵的样子，看起来也很可爱。

食材

- 鸡蛋……1个
- 南瓜……100 g（约1/10个）
- 紫苏叶……1片
- 草莓……1/8个
- 脱脂干酪……3大勺
- 海苔……少许
- 肉桂油……少许

做法

1. 将南瓜去皮后切成块，然后放入功率为500 W的微波炉中加热3~4分钟（也可以用蒸锅蒸5分钟或焯水3~4分钟）。

2. 将肉桂油倒入南瓜中搅拌均匀，然后捏成3~4 cm和4~5 cm直径的团子。把剪好的海苔贴到小团子上，当作"小鬼"的脸部。再像堆雪人一样将小团子放到大团子上面。

3. 打一个鸡蛋，摊成薄饼状。然后切一段宽不到3 cm的长条，将下面的大团子围起来。再围上两条细海苔带，当作"小鬼"的裤子。

4. 切一点草莓竖在"小鬼"的头上，周围用紫苏叶丝圈起来当作"小鬼"的头发。

5. 将"小鬼"放在盘子里，把脱脂干酪放在周围装饰成云朵即可。

2月
February

要点

促进血液循环和新陈代谢，提升体温

作为主要食材的南瓜富含维生素E，能促进血液循环。再加上紫苏叶和肉桂油，具有驱寒暖身的功效，能够帮助提升狗狗体温。另外，脱脂干酪也能补充钙质，帮助解毒。

换季时期也是
解毒的最佳时期

提升免疫力!
女儿节的押寿司

（译者注：模压寿司，最早出现于大阪）

3月是桃花节，也是女儿节。
这次我们试试用牛奶盒做押寿司吧！
通常寿司的基底都是米饭，这次我们改成
以土豆泥作为基底，再加上蔬菜和动物性
蛋白，营养十分丰富。

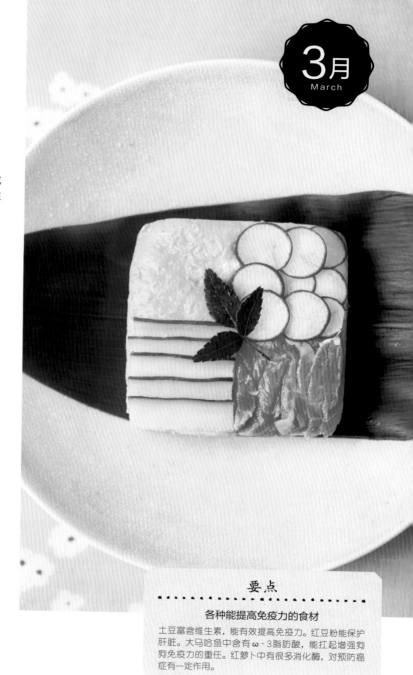

3月
March

食材

- 大马哈鱼（用作刺身的）……2~3片
- 鸡蛋……1个
- 土豆……150g（约1个）
- 黄瓜……20g（约3.5cm）
- 红萝卜……10g（约1小个）
- 红豆粉……1小勺
  （准备一个牛奶盒）

做法

1. 将黄瓜切成3.5cm的长段，纵向对半剖开，然后再切成薄片。将红萝卜纵向切成薄片。将大马哈鱼切成薄片备用。摊一个鸡蛋饼，然后将其切成边长为3.5cm的正方形。

2. 将土豆切成5mm厚的薄片，放入功率为500W的微波炉中加热3~4分钟（也可以用蒸锅蒸5分钟或焯水3~4分钟）。待土豆变软后，和红豆粉一同装入盆中，捣成泥状。

3. 将牛奶盒清洗干净，从底部开始剪下大约5cm的高度。在剪下的盒子里铺一层保鲜膜，放入黄瓜、红萝卜、大马哈鱼和煎鸡蛋。然后放入土豆泥，铺平压实。

4. 最后用保鲜膜将食材包起来，放到冰箱冷藏固定形状。吃的时候从牛奶盒里取出食材装盘即可。

要点

各种能提高免疫力的食材

土豆富含维生素，能有效提高免疫力。红豆粉能保护肝脏。大马哈鱼中含有ω-3脂肪酸，能扛起增强狗狗免疫力的重任。红萝卜中有很多消化酶，对预防癌症有一定作用。

4月
April

要点

能调养肝脏的食材

4月是注射狂犬病疫苗的时期，因此解毒十分重要。青豌豆、蚕豆能有效解毒；芝士富含氨基酸，能帮助恢复肝脏功能。芹菜和上述食物一起搭配食用，也能提高解毒能力。

在注射狂犬病疫苗的季节促进新陈代谢

春天的排毒甜点

这份小甜点加入了丰富的蔬菜，能增强肝脏的排毒功能。
可以将小甜点按喜好切成不同的大小，带狗狗去散步的时候也能偷偷藏几块在口袋里。

食材

- 融化的奶酪……3片
- 加工奶酪……按喜好酌情添加
- 青豌豆……60 g（约半杯）
- 蚕豆……50 g（10~15颗）
- 芹菜……20 g（约4 cm）

做法

1. 将青豌豆、蚕豆焯水2分钟。将芹菜切碎。
2. 准备一个煎鸡蛋的平底锅，铺上一层烹饪纸，纸张要比锅底大一些。然后在纸上铺上一层融化的奶酪，再均匀地撒上加工奶酪。开小火加热，让奶酪慢慢融化。
3. 等奶酪融化一些后，加入青豌豆、蚕豆和芹菜，铺满锅面。
4. 继续用小火慢慢加热，直到锅边上的奶酪变成焦黄色，锅里的食材也形成饼状之后，拿起烘焙纸的两端翻个面。再用锅铲一边按压，一边等豆子煎至金黄色即可。
5. 豆子开始变成焦黄色，关火冷却片刻，再将蛋饼切成适合大小即可。

要点

紫甘蓝能有效保护黏膜

紫甘蓝富含维生素U，能保护黏膜，还具有抗氧化作用，能有效防止感染。山药能帮助恢复体力。生姜有很强的消炎作用，可以用来应对花粉过敏等症状。

草木开始发芽
时要注意花粉

有助于抵御病毒
的炸盒子

可以在端午节时将其当成小零食给狗狗庆祝。这款炸盒子小点心采用了有助于抵御病毒的春卷皮和紫甘蓝作食材，十分推荐给患有过敏症状的狗狗食用。

通过折纸的方法就能轻松制作

食材

- 春卷皮……5张
- 猪腿肉末……50g
- 山药……35g（约1.5cm）
- 紫甘蓝……15g（约半片）
- 干姜粉……1耳勺
- 煎炸油（推荐芝麻油、米糠油等）……适量

做法

1. 在猪腿肉末中加入切碎的紫甘蓝、捣烂的山药和干姜粉混合均匀，用作肉馅。

2. 用折头盔的方法将春卷皮折起来，将最后的三角形从背面往上折。

3. 将肉馅塞到折好的春卷皮中，用最后的三角形将肉馅包起来，然后往里折。

4. 春卷做好后，将其放入160℃的油锅中炸至金黄色（低温慢炸）。如果温度过高会导致春卷皮破裂，破坏形状，因此要注意控制油温。炸好后，沥干油分，放置冷却即可。

梅雨季节多湿气，
容易引发各种肠胃疾病

有助于调理肠胃的
绣球花丸子

梅雨季节，由于湿气重，容易引发各种肠胃疾病。
这款点心采用了能调养肠胃的食材，用丝软的
寒天演绎出绣球花盛开的绚丽景致。

食材

● 紫甘蓝……20g（约半片）
● 寒天粉……2g
● 柠檬汁……5~6滴

● 绢豆腐……50g
　（约1/6块）
● 糯米粉……50g

做法

1. 向锅中倒入200mL水和2g寒天粉，开火
   加热至寒天粉溶解。将紫甘蓝放入塑料袋中
   反复揉搓后放入锅中，待水变青色之后用筛
   子将杂质捞出。

2. 如果要做2个颜色就将青色的寒天水分装在
   2个容器中，做3个颜色就分装在3个容器
   中。在各自装有寒天水的容器中滴入柠檬汁
   （滴入一滴柠檬汁寒天水会变成紫红色，一小
   勺会变成红色，根据柠檬汁的分量可以自行
   选择绣球花的颜色）。然后将寒天水放入冰
   箱冷藏，使其凝成固体。

3. 将豆腐连同汁水再加上糯米粉放入盆中搅
   拌，然后将面团揉成像耳垂那样柔软的程度。
   如果面团太硬就加点水，太软就加点糯米粉
   进行调整。

4. 向锅中倒入热水煮沸。将步骤3中的豆腐糯
   米团揉成4~5cm的长条，然后搓成团子放
   入锅中，煮到团子浮起来后，捞出备用。

5. 将寒天粉放入热水中溶解，然后用刷子刷在
   步骤4的团子上。将步骤2中的寒天冻切成
   边长为5mm的立方体，分散地黏在团子上
   面即可。

要点

保护黏膜，提高抗氧化作用

豆腐中含有丰富的酶，糯米粉具有抵抗炎症的作用，将
两者做成团子，然后搭配具有保护肠胃黏膜功效的紫
甘蓝和柠檬汁。这款点心不仅具有很强的抗氧化作用，
还有助于调整肠道内的细菌。

去湿气，增强免疫力

缓解夏日疲劳！冷冻酸奶

这个季节，梅雨期正好结束，温度开始逐渐上升。
这款甜点不仅能去除梅雨季节的湿气和疲劳，还能调养肠胃，增强免疫力！

食材

- 普通酸奶……200g
- 菠萝……60g（约3片）
- 冷冻的南方越橘……30g（约15颗）
  （准备一个制冰器或塑料保存容器）

做法

1. 用勺子将冷冻的南方越橘碾碎，将碾出来的汁倒一点到制冰器中，至制冰器格子的一半处即可。

2. 将100g酸奶和碾碎的南方越橘放入盆中，大致搅拌一下。注意如果搅拌过度，最后的成品就很难呈现出大理石的纹路了。

3. 将处理好的酸奶倒入步骤1中制冰器的格子中。用牙签将格子内的酸奶搅拌一下，加入之前的果汁可以增加大理石纹路感。

4. 将剩下的100g酸奶和切碎的菠萝倒入盆中，大致搅拌一下，然后倒入制冰器格子剩下的一半中。

5. 将制冰器放入冰柜中冷冻，凝固之后就可以装盘食用了。

7月
July

要点

搭配各种能增强免疫力的食材

酸奶增强身体免疫力。菠萝含有丰富的酶，能调节肠胃。南方越橘富含维生素E，能促进血液循环。几者配合，能加倍增强狗狗免疫力。

8月
August

抵抗酷暑,
强健身体!

缓解苦夏疲乏的
夹心寒天

看起来就清凉解渴的夹心寒天
不仅富含膳食纤维,
还能给身体补充水分。
用制作章鱼烧的机子就能制作。
冰箱冷藏可存放1周左右,绝对是家庭必备小零食。

要点

有效缓解疲劳,促进排尿

其中一款夹心寒天采用了能强化肝功能的鸡胸脯肉
和各种富含维生素C、能有效缓解疲劳的蔬菜作食
材。黄瓜具有很强的利尿功效,搭配西瓜做成的夹心
寒天能有效消除苦夏疲乏,可以作小菜也适合当零食。

◎鸡胸脯肉和蔬菜夹心

食材 （12~15个的分量）

● 鸡胸脯肉……1片
○ 白萝卜……60g（约2cm）
● 胡萝卜……30g（约3cm）
● 红、黄辣椒……各20g（约1/8个）
● 秋葵……10g（约1个）
● 西蓝花……30g（约2朵）
● 寒天粉……4g
（准备一个制作章鱼烧的机子,也可以用制冰器或塑料保存容
器等能成型的容器代替）

做法

1. 向锅中倒入热水煮沸,然后放入秋葵、西蓝花、白
萝卜块、胡萝卜和红辣椒,煮3分钟左右,煮好后用
筛子捞出。将秋葵切成圆薄片,将西蓝花掰成小瓣。

2. 准备500mL热水煮沸,放入鸡胸脯肉,一边煮一
边撇去浮沫。煮好后取出,用手撕成细条。

3. 倒出400mL步骤2中的汤汁,冷却后放入寒天粉,
再次煮沸。注意如果汤汁过热,寒天粉会凝固成面
疙瘩状。

4. 将步骤1中的蔬菜和鸡胸脯肉按照喜好取适量放入制
作章鱼烧的机子中,再慢慢倒入步骤3中的寒天水。

5. 在室温条件下冷却15分钟左右。待寒天水凝固之后
用手将其翻面,取出倒入塑料保存容器中,放入冰
箱冷藏即可。

◎红＆绿夹心

食材 （各5~6个的分量）

● 黄瓜……100g（约1根）
● 西瓜……200g（约2方块）
● 寒天粉……4g

做法

1. 将黄瓜捣碎,加入适量水调整成200mL的分量。
将西瓜也捣碎成200mL的分量。

2. 向锅中放入处理好的黄瓜和2g寒天粉,煮沸后倒
入制作章鱼烧的机子中。

3. 和步骤2一样,将处理好的西瓜和2g寒天粉一同
煮沸后,倒入制作章鱼烧的机子中。

4. 在室温条件下冷却15分钟左右。待寒天水凝固之后
用手将其翻面,然后倒入塑料保存容器中,放入冰
箱冷藏即可。

一次性解决酷暑和
寒冷问题

换季时期帮助
恢复体力的赏月丸子

农历15日的夜晚，看见美丽的月亮，就会
想和家人一起赏月。
这次介绍的土豆丸子不仅能帮助狗狗缓解夏
日疲劳，在日趋寒冷的季节里也能有效御寒。

食材

- 鸡肉末……30g
- 土豆……150g（约1个）
- 薏仁粉……1大勺
- 本葛粉……20g
- 干姜粉……1耳勺

做法

1. 将土豆去芽，切成薄片（土豆皮营养价值很高可以不去皮）。向锅中倒入热水煮沸，将土豆煮至软烂为止（也可以蒸一下或用微波炉加热3分钟）。

2. 在土豆中加入薏仁粉、干姜粉，倒入适量水，搅拌成顺滑的土豆泥。如果土豆泥太黏会很难捏成丸子，因此建议加入适量薏仁粉将土豆泥调整成稍硬的程度。

3. 取适量的土豆泥捏成直径不到3cm的土豆泥丸子。将土豆泥揉圆后摊平，用勺子（直径1cm的圆勺）舀半勺鸡肉末放到土豆泥上，然后包起来搓成丸子，做15个左右的丸子。

4. 向锅中倒入充足的热水，煮沸后放入丸子，煮2~3分钟，直到丸子浮起来为止。丸子浮起来后用筛子捞出，沥干水分盛盘即可。

要点

缓解疲劳，驱寒暖身

土豆和鸡肉末富含维生素，能帮助狗狗缓解疲劳。丸子中添加的本葛粉和生姜具有驱寒暖身的功效。薏仁能帮助排出夏天身体里堆积的代谢物，清洁血液。

保护了黏膜，就能快乐地度过秋天啦

干燥天气里保护黏膜的栗子馒头

到了秋季，狗狗就会食欲大增！避免狗狗暴饮暴食和空气干燥对狗狗肠胃的伤害，保护黏膜，调养肠胃。
用猪肝和米粉做成栗子样的馒头，给狗狗一次超级食物的体验。

食材

- 米粉……100 g
- 角豆粉……20 g
- 猪肝……70 g
- 香蕉……40 g（约半根）
- 白芝麻……适量

　（准备一个蒸笼或蒸食器）

做法

1. 用食品料理机将猪肝和香蕉搅成糊状（或用研钵捣烂）。

2. 倒入米粉和角豆粉搅拌均匀。面团变得黏稠顺滑后，先把手浸湿，再将面团捏成一个个栗子的形状，总共捏4~5个。

3. 栗形面团下方沾一些白芝麻后放入蒸笼里蒸10分钟左右，出锅盛盘。栗子馒头的主要成分是面粉，容易变硬。如果馒头变硬了可以用保鲜膜包起来放入微波炉热一会儿，又会变得松软了。

10月
October

要点

提高代谢，保护黏膜

猪肝能有效帮助缓解疲劳，具有强大的保护黏膜的作用；搭配上超级食物角豆，能帮助恢复血糖正常化。米粉和香蕉能促进消化，提高糖类代谢。

要点

增强体力，提高抗氧化作用

这款丸子点心以甘薯、南瓜、紫薯等作为主要食材，能驱寒暖身，提高抗氧化作用。再裹上能促进新陈代谢的青海苔、黄豆粉，搭配上具有去除活性氧作用的芝麻以及能增强免疫力的红辣椒粉，很适合在冬季帮助狗狗调养身体。

秋意渐浓，推荐这款小零食

红叶季节的过冬丸子

用南瓜、甘薯和紫薯做成的这款秋季红叶印象的多色丸子，是在冬季将近时给狗狗准备的小零食，能帮助狗狗驱寒暖身，增强体力。一口一个的大小让狗狗随时随地都能享用。

食材（7种颜色各3~4个）

- 甘薯……150g（约半个）
- 南瓜……100g（约1/10个）
- 紫薯……100g（约半个）
- 青海苔……适量
- 白芝麻……适量
- 黑芝麻……适量
- 辣椒粉……适量

做法

1. 将甘薯、南瓜和紫薯去皮后切成薄片，用水浸泡3分钟左右。
2. 将上述3种食材取出分别放入耐热容器中，轻轻盖上一层保鲜膜，放入功率为600W的微波炉中加热5分钟（也可以用竹签串起来或蒸或煮）。
3. 上述食材变软之后，将其捣成泥，捏成直径为2cm左右的丸子。
4. 取几个小盘子，分别放入少量青海苔、白芝麻、黑芝麻和辣椒粉。甘薯丸子不加处理（白色）、甘薯丸子＋青海苔（绿色）、甘薯丸子＋白芝麻（米黄色）、南瓜丸子不加处理（黄色）、南瓜丸子＋辣椒粉（红色）、紫薯丸子不加处理（紫色）、紫薯丸子＋黑芝麻（黑色）。按照上述配方做成7色丸子装盘即可。

和家人一起吃圣诞美食

保暖烧烤盘

到了年末，大家都想和家人一起庆祝即将到来的圣诞节。
这次给狗狗做的是用平底锅煎的烧烤盘，采用了很多能预防疾病的食材。

食材

- 羊羔子肉……100g
- 土豆……25g（约1/6个）
- 芜菁……20g（约1/4个）
- 西蓝花……15g（约1朵）
- 胡萝卜……10g（约1cm）
- 洋菇……10g（约1个）
- 红辣椒、黄辣椒……各8g（约1/8个）
- 迷迭香……少许
- 肉桂油……少许
- 亚麻籽油……少许

（准备一个直径为12cm的平底锅）

做法

1. 将羊羔子肉、土豆、西蓝花、胡萝卜、芜菁、洋菇、红辣椒和黄辣椒切好备用。然后将胡萝卜、土豆和西蓝花焯水。
2. 将烤箱预热至230℃（烤面包炉或烧烤架也要预热）。
3. 将平底锅放在炉子上，开火加热后，放入羊羔子肉烤一会儿（因为羊羔子肉中的脂肪会被煎出来，因此锅底不需要抹油）。待羊肉出现焦黄色就可以关火了。
4. 将步骤1中的所有蔬菜放入平底锅，倒些肉桂油，撒上迷迭香。然后将食材放入烤箱以230℃烤8分钟左右（如果用的是烤面包炉就烤10分钟，烧烤架烤8分钟）。烤完之后放置冷却。给狗狗吃之前倒一点亚麻籽油就可以了。

12月
December

要点

丰富的食材帮助暖身子

这份食谱以能够暖身的羊羔子肉作为主要食材，搭配丰富的黄绿色蔬菜。土豆有助于身体排出钠元素。西蓝花有助于细胞再生。胡萝卜能预防癌症。芜菁具有抗氧化作用。洋菇能保护黏膜。因此这份食谱不仅能帮助狗狗驱寒暖身，还能增强狗狗免疫力。

凝缩营养成分

日常食用的果干和肉干

水果和肉类晒干而成的果干和肉干制作起来特别简单，
而且营养丰富，可以当作每天的小零食。
果干和肉干可以奖励给狗狗，也可以作自己的下酒菜，一定要尝试着做一下哦！

◎果干

`做法`

1. 准备一些猕猴桃、苹果、柠檬和西红柿等
   富含维生素的水果和蔬菜。水果尽可能地
   切成均匀的薄片。

2. 将薄片铺在丝网或竹筐等通风性好的容
   器中，然后放在阳光充足的地方晒干。晒
   2~3天变干即可。

◎肉干

`做法`

1. 准备鸡肉（也可以用鸡胸
   肉或牛肉）。首先将肉纵
   向切成两半。

2. 然后用保鲜膜将肉包起
   来，再用擀面杖等将肉
   碾平。

3. 向锅中倒入热水煮沸，放
   入处理好的肉稍煮片刻。

4. 在方平底盘中铺一层铝
   箔纸，放上煮好的肉，然
   后放入烤箱烤一会儿。将
   肉烤好之后放在通风处
   2~3天即可。

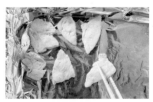

健康又营养

我比较担心市场上卖的狗狗零食会有很多添加剂，因此我自己做了无添加剂的食品。因为干制食品会凝缩营养成分，所以原料可以选择有机食物。考虑到健康，建议使用能够低温制作、保留生物酶的食材。

只用牛奶和柠檬汁 制作脱脂干酪

说起脱脂干酪，总给人在高档西餐厅放在沙拉里的印象。但大家知道吗，其实用牛奶和柠檬汁就能简单地制作脱脂干酪。脱脂干酪蛋白含量高，热量低，不仅有很多功效，而且据说制作过程中产生的乳清有调养癌症的作用。

脱脂干酪可以用在狗狗的饭食中，也可以加点盐供我们自己食用。乳清可以加在狗狗的饭食里或当作饮料给狗狗食用，也可以加点蜂蜜供我们自己饮用。这款美味又健康的食材，大家一定要试试看！

食材

● 牛奶……500mL
● 柠檬汁……2大勺

（准备厨房温度计、滤茶器、厨房纸）

做法

1. 向锅中倒入牛奶，开火加热至60℃。

2. 向锅中加入柠檬汁，快速搅拌，然后静置5~10分钟。

3. 待脱脂干酪浮起来之后，在滤茶器中垫一张厨房用纸，然后将脱脂干酪过滤出来。这样脱脂干酪和乳清就分离了。将脱脂干酪放在冰箱冷藏可以保存一周左右。

第五章　狗狗的身体和营养学

1 狗狗是肉食动物还是杂食动物

最近研究所显示的狗和狼的新关系

大约一万五千年以前，狗的祖先就开始与人类一起生活。有人会说"狗的祖先狼是肉食动物，所以狗也是肉食动物"。然而，最近的遗传基因的解析研究显示，狼并不是严格意义上狗的祖先，而是从"狗和狼共同的祖先"进化而来。

另外，狼和狗的身体构造也不一样。比如草食动物都拥有的盲肠是肠内细菌的住处。狗有盲肠，而狼等

肉食动物却没有。2013年有研究表明，狗消化碳水化合物所需的淀粉酶的量是狼的2~15倍。

那么狗作为杂食动物，和人类的饮食习惯都一样吗？当然不一样，狗和人是有区别的。狗偏肉食，动物性蛋白是其必须的食材。而且人类口腔中就有淀粉酶，碳水化合物从入口时就开始被消化。狗只在胰腺内有少量淀粉酶。因此可以想象狗对碳水化合物的消化能力不如人类。

狼和狗的区别

我们可以知道狼和狗的区别在于有无盲肠、体内消化酶的数量不同等。

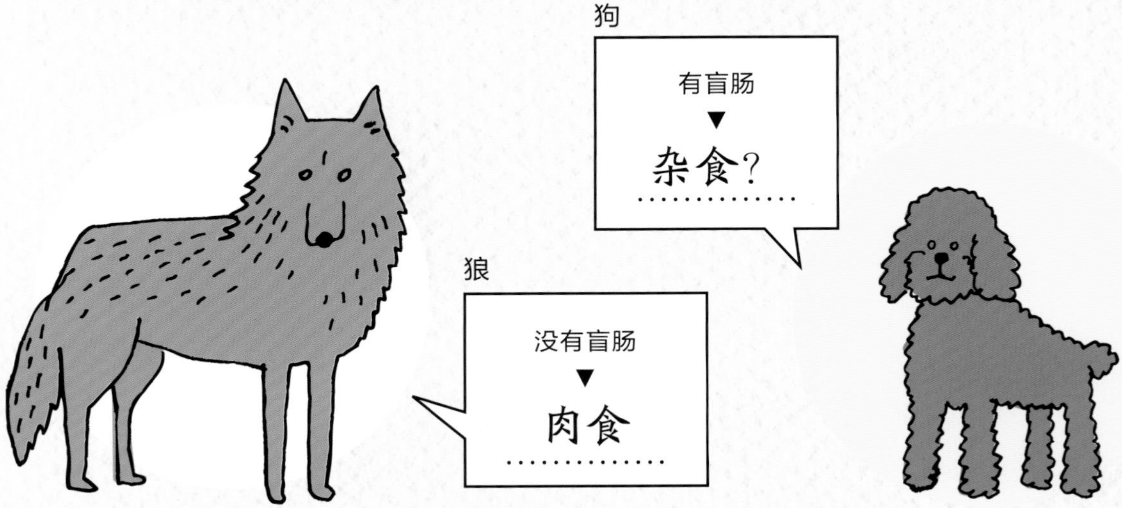

狗
> 有盲肠
> ▼
> 杂食？

狼
> 没有盲肠
> ▼
> 肉食

人和狗的区别

人类以碳水化合物为主要食物获取营养，使身体成长，狗没有那么多的淀粉酶，因此和人类的饮食习惯不一样。

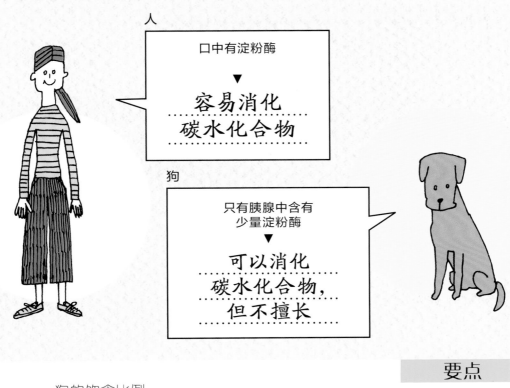

人

口中有淀粉酶
▼
**容易消化
碳水化合物**

狗

只有胰腺中含有
少量淀粉酶
▼
**可以消化
碳水化合物，
但不擅长**

要点

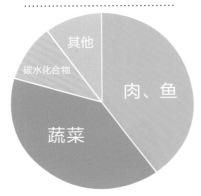

狗的饮食比例

其他
碳水化合物
蔬菜
肉、鱼

狗狗的饮食需要以蛋白质类食物为主，并加少量碳水化合物为宜

相比人类，狗是偏肉食的杂食动物，蛋白质是必需的营养物质。狗狗拥有的消化碳水化合物的淀粉酶数量较少，比起人类并不是很擅长消化碳水化合物。因此给狗狗搭配饮食的时候，食物不能以碳水化合物为主，而要以肉和蔬菜为主。

2 狗粮、生食和加热食物的区别

最好根据不同的情况选择不同的食材

养狗狗的主人中，有人会认为狗只能吃狗粮，也有人觉得狗不能吃狗粮。如果说的是我们自己，虽然也想每天吃自己做的饭菜，但大部人还是会在忙的时候去饭店吃饭或吃方便面吧。

狗狗也一样，不是说非得吃某一种食物。每种食物都有各自的优缺点。因此重要的是要考虑这些食物适不适合狗狗，并且根据我们自己的生活习惯、心情，以及狗狗的健康状况、食欲的好坏，随机应变地给狗狗选择不同的食物。

给狗狗喂饭，必须细心观察狗狗的身体状况，并且要心情愉悦地给狗狗做饭。综合各类食材的优点，让狗狗享受舒适的生活吧。

和狗狗的身体需求最接近的形态

生食

从与人类开始一起生活起，对于杂食动物狗来说，和身体最接近的食物就是生食。在本书中，也有不少将生肉搭配上蔬菜一起给狗狗吃的食谱。

优点
· 主人可以选择新鲜、安全的食材
· 容易被吸收
· 可以摄取新鲜的维生素和矿物质
· 可以直接摄取生物酶
· 减少便便，并且便便不会那么臭

缺点
· 需要制作时间
· 有的时候狗狗不喜欢吃

用汤锅或平底锅简单烹饪
加热食物

本书介绍的加热食物有很多。在3种食物中，加热食物的做法是最接近人类食物的，但主人在比较忙的情况下会很难坚持做加热食物。

优点	· 主人可以选择新鲜、安全的食材 · 降低病原体感染的风险 · 蔬菜容易被消化吸收 · 可以根据狗狗的身体状况任意搭配 · 可以摄取新鲜的营养元素

缺点	· 由于加热会导致一部分营养元素流失 · 需要烹饪时间 · 需要了解一些相关知识

忙碌或灾害时期经常使用
狗粮

现在在日本，大部人给狗狗吃的都是狗粮。也有人会在狗粮里加一些配料或搭配着其他食物给狗狗吃。

优点	· 含有狗狗平均所需最低限度的营养元素 · 方便保存 · 方便喂食 · 营养均衡，比较放心

缺点	· 脂肪容易氧化 · 在体内输送时可能会破坏消化酶和营养元素 · 原材料来源不明确 · 不含水分，需要和水分一同摄取

要点

要结合主人和狗狗的状况，
随机应变地给狗狗选择食材

3种食材有各自不同的优缺点。只要保证必要的营养供给，就可以每天给狗狗吃不同的食物，或者在一顿饭中搭配不同的食材。要是坚持只能给狗狗吃某一种食物的话，主人和狗狗都得伤脑筋了。

3 吃下去的食物如何消化、排泄

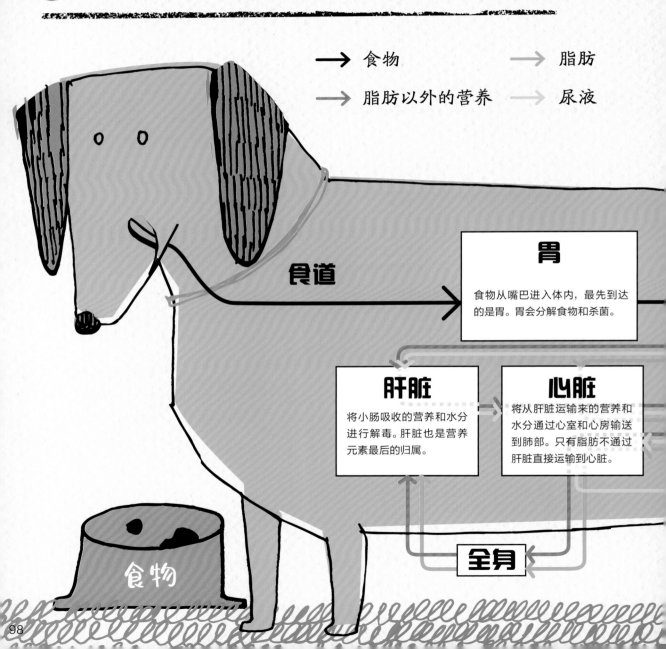

→ 食物　　　→ 脂肪

→ 脂肪以外的营养　→ 尿液

食道

胃

食物从嘴巴进入体内，最先到达的是胃。胃会分解食物和杀菌。

肝脏

将小肠吸收的营养和水分进行解毒。肝脏也是营养元素最后的归属。

心脏

将从肝脏运输来的营养和水分通过心室和心房输送到肺部。只有脂肪不通过肝脏直接运输到心脏。

全身

食物

保持全身的循环畅通，饮食生活和运动是关键

当狗狗身体出现不适时，如果能知道消化吸收的循环规律，就能明白产生不适的原因，从而知道如何对症下药。

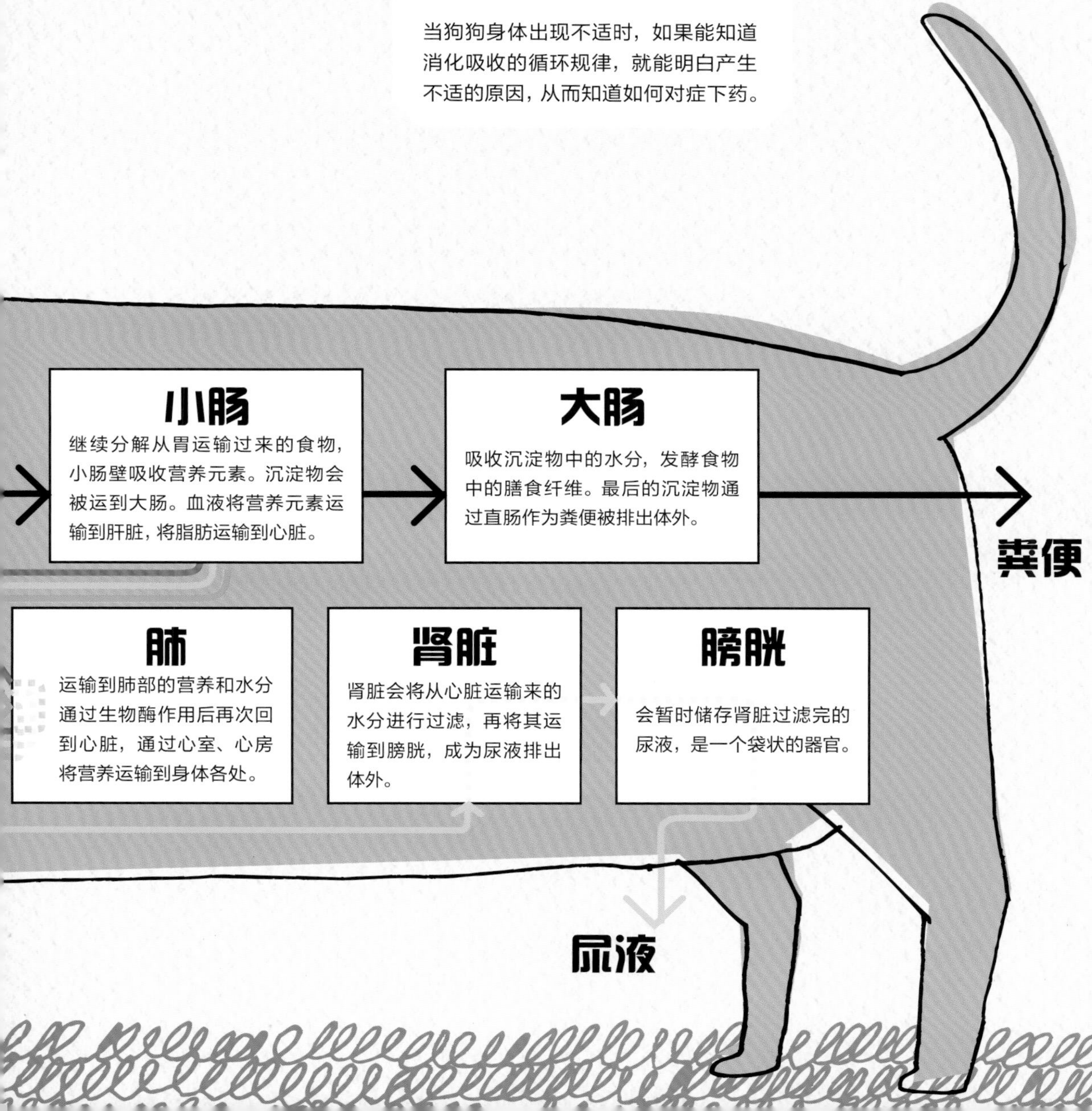

小肠

继续分解从胃运输过来的食物，小肠壁吸收营养元素。沉淀物会被运到大肠。血液将营养元素运输到肝脏，将脂肪运输到心脏。

大肠

吸收沉淀物中的水分，发酵食物中的膳食纤维。最后的沉淀物通过直肠作为粪便被排出体外。

粪便

肺

运输到肺部的营养和水分通过生物酶作用后再次回到心脏，通过心室、心房将营养运输到身体各处。

肾脏

肾脏会将从心脏运输来的水分进行过滤，再将其运输到膀胱，成为尿液排出体外。

膀胱

会暂时储存肾脏过滤完的尿液，是一个袋状的器官。

尿液

4 内脏的功能

长期的饮食对身体的影响也会在高龄犬的内脏器官中体现出来

估计很多人以前在学校学过有关各个器官运作的知识，但是现在可能大多记不清了。狗狗身体出现不适的时候，如果主人了解各个器官的功能，思考其中的原因，就能正确选择适合狗狗身体状况的食物。

狗狗年纪一大，肝脏、心脏、肾脏、胰腺很容易出现毛病。通过小肠内壁吸收的营养最先送到的器官就是肝脏，因此可以认为肝脏受到饮食的直接影响。通过小肠吸收的脂肪会直接输送到心脏，所以不难想象，如果油的质量较差或是分量较多，心脏将会承受巨大的负担。肾脏是最后过滤水分形成尿液的地方，肝脏没有分解完的毒素也会继续运到肾脏。胰腺中的胰液含有脂肪分解酶，所以胰腺也可能会受到长期饮食中油脂的影响。

如果狗狗的这些内脏器官出现问题，为了调养身体，建议更换一下狗狗日常的饮食。

 胃

可以储存食物3~6小时

胃能储存食物，也是进行消化的第一个场所。水通过狗狗的胃需要1个小时，食物通过狗狗的胃需要3~6小时。狗狗万一误食了水果，在不开腹的情况下，可以在入食3~6小时内用内窥镜进行观测检查。

 肠

吸收营养，产生粪便

肠道分为小肠和大肠。小肠能消化食物，小肠壁能吸收营养成分；大肠能吸收水分，将吸收后的残渣形成粪便。狗狗的肠道长度是身体长度的6倍左右，食物通过肠道需要12~30小时。

心脏

保证全身的血液循环

心脏负责收集含有代谢物的血液，然后将其输送到肺部，并将吸收了氧气的干净的血液输送到身体各处。如上一页所介绍的，小肠吸收的脂肪会直接输送到心脏，因此患有心脏疾病的狗狗，可能会受到食物中油脂的影响。

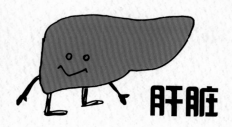

肝脏

营养输送到的第一个地方，能储存血液

肝脏有三功能：产生胆汁（消化液）、储存和转换营养元素、分解毒素。如上一页介绍的那样，因为通过小肠吸收的营养最先输送到肝脏，如果肝脏无法解毒，毒素就会被运送到身体各处，从而影响各个内脏器官。

肾脏

产生尿液等

肾脏具有过滤血液中的代谢物、产生尿液、调节身体内的水平衡和调节血压等功能。狗狗年纪大了肾脏容易出现毛病。在这种情况下，需要配合肾脏调养肝脏，这样就能减少通过肝脏输送到肾脏的毒素。

胰腺

调节血液中的糖分

胰腺的主要功能是产生一种叫胰液的消化液，分泌胰岛素调节血液中的糖含量。如果高脂肪的食物对胰腺产生过大的压力，那么含有刺激性蛋白质分解酶的胰液会侵蚀胰腺，引起强烈的腹痛。

要点

了解各个内脏器官的功能
就能选择合适的食材

如果主人不了解狗狗内脏器官的功能，就无法根据爱犬的身体状况选择合适的食物。在明白狗狗内脏器官功能的基础上，再回到第二章重新思考一下吧。

5 从便便来了解狗狗的健康状态

便便不仅仅能体现"健康"或"异常"

主人们每天拾起来的狗狗便便体现出来的不仅仅是简单的狗狗身体健康或异常情况，还隐含着很多信息。首先，狗狗所食用食物的形状、颜色、气味不同，便便也各不相同。狗狗如果肉吃得多，便便就会发黑；蔬菜吃得多，便便就会偏棕色；如果吃了西红柿，便便就会发红；如果吃了狗粮，便便也会变成和狗粮一样的颜色和气味。

通过对异常便便的观察，主人也可以根据便便的不同硬度和颜色，推测狗狗体内哪一处有问题。如果有一天便便出现异常，但是第二天又恢复正常了，并且狗狗还是充满活力、食欲很好，就不用太过在意。如果狗狗出现腹泻，一整天都不想吃东西，就给它多喝水。

如果便便3~4天都出现异常，而且狗狗身体感觉不适，就要带着便便去医院检查。装便便的时候，不要用纸巾等会吸收水分的工具，而要用塑料袋或铝箔包装材料将便便包起来，全部带到医院去。

便便的硬度有很多种

健康的便便也有不同的硬度。如果便便过硬，就代表水分不足；
如果便便过软，就代表肠道没有充分吸收水分。

| 硬邦邦的颗粒状 | ←硬　正常　软→ | 半泥状 | 泥状 | 水状 |

仔细观察便便，就能发现狗狗身体的哪一处有问题

要点

从便便的颜色、硬度、水分含量、重量等各个方面，来判断狗狗当前的身体状况。

每天都要检查狗狗便便的颜色和硬度

需要核对狗狗便便的颜色和硬度。

便便软而不成形，就代表狗狗身体有问题，再根据颜色判断狗狗身体哪一处出了问题。

比较常见的腹泻有两种：茶色便便可以反映大肠没有充分吸收水分，因此要注意防止狗狗身体脱水；
黄色便便可以反映小肠没有充分吸收营养，要注意防止狗狗营养不良、过于消瘦。

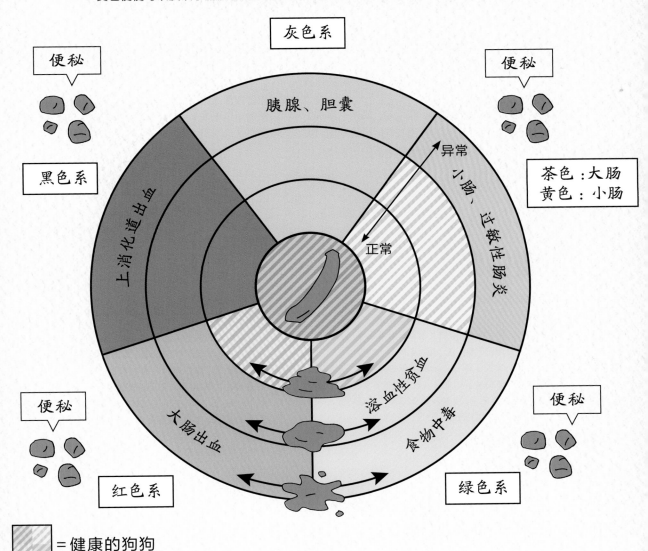

6 5种营养素的功能

了解营养素以及它们的功能，就能正确选择食材

蛋白质、脂肪、碳水化合物、维生素和矿物质被称为五大营养素，是生物生存必需的营养成分。它们的主要功能对人或狗都大致相同，只是有一些必要的营养素比例和种类有点区别。

比如，在人类的营养学中，蛋白质、脂肪和碳水化合物被称作三大营养素。我们在第94页已经学到，狗很难消化碳水化合物，因此没有必要摄取很多碳水化合物。另外，在生物体内无法制造的几种必需氨基酸中，人类有9种，狗狗有10种（人类的9种＋精氨酸）。

了解五大营养素的作用，并且知道哪种食材富含哪种营养素，主人就能在狗狗生病的时候，不用药物而只需通过调整狗狗的饮食来帮助狗狗恢复健康。那么我们来学习一下营养素和食材的有关知识吧。

1 蛋白质

狗狗的身体有约20%都是由
蛋白质组成的

蛋白质是血、骨、肌肉、皮肤、毛发的重要组成成分，分为动物性蛋白（肉、鱼、蛋、乳制品）和植物性蛋白（豆类、谷类）两种。动物性蛋白富含体内无法生成的必需氨基酸。如果蛋白质的供给不足，会导致免疫系统功能低下，皮肤容易受感染，年轻的狗狗也容易腹泻和感染寄生虫。

（富含蛋白质的食物）

肉、鱼、蛋、芝士、酸奶等

2 脂肪

能量是碳水化合物和
蛋白质等的两倍

脂肪的主要功能是提供能量，并能维持其功能正常，也有减轻炎症的功能。脂肪还能帮助吸收脂溶性维生素（维生素A、维生素D、维生素E、维生素K等）。如果脂肪不足，皮肤容易干燥，患上皮肤病。另外，脂肪不足还可能会导致免疫力低下，引起心脏病、糖尿病等疾病。狗狗必需的脂肪有亚油酸、α－亚麻酸、EPA、DHA。不过要注意，狗狗不能摄取过量脂肪。

（富含脂肪的食物）

青色鱼、麻籽油、芝麻油、亚麻籽油、米糠油、葡萄籽油、鲑鱼油、菜籽油、核桃等

3 碳水化合物

是大脑和肌肉的能量来源

（富含碳水化合物的食物）

精米、糙米、薏米、乌冬面、荞麦面、薯类、水果等

　　人类每天所需能量的60%来自摄取的碳水化合物。狗狗并不是不需要碳水化合物，只是摄取过多会破坏营养平衡，增加胰腺的负担。给狗狗吃富含碳水化合物的食物之前要将其处理成容易消化的状态。幼犬和老年犬要尽可能减少碳水化合物的摄入。成年犬，尤其运动量很大的狗狗，必要时候可以适当多摄入一点碳水化合物。

4 维生素

狗狗身体必需的
14种维生素

　　维生素是维持身体功能必不可少的营养素。其中有能溶于水的水溶性维生素和能溶于脂肪的脂溶性维生素。水溶性维生素就算摄取过多，多余的也会随着尿液等排出体外。因此每天要给狗狗补充适量水溶性维生素。相反，没有必要每天都给狗狗补充脂溶性维生素。狗狗摄入过多的脂溶性维生素会通过肠道排出体外，还可能引起腹泻。（维生素种类见第106页。）

5 矿物质

身体内无法形成，
是维持生命必不可少的营养素

　　矿物质是维持代谢功能和形成骨骼必不可少的无机化合物。矿物质能帮助细胞维持正常功能，是维持生命必不可少的营养素。矿物质存在于水或土壤中，动植物体内无法形成，因此必须通过食物摄取。要注意摄取适量，如果过量摄入，可能会引起疾病。（矿物质的种类见第107页。）

要点

虽然5种营养素也是狗狗必需的，但是和人类相比所需的量有所不同

我们要明白，狗狗必需的营养素的分量和人类是不同的。主人要根据狗的身体特征，再结合自己爱犬的身体状况，正确选择含有必要营养素的食材。

维生素的种类

狗狗维持生命活动需要14种维生素，除了叶酸，其他几种维生素都能在体内合成。

名称	作用	富含的食物
水溶性维生素 维生素B₁	将碳水化合物转变成能量。增加食欲，将大块的食物分解成小块，还能促进生长发育。如果不足，会引起肌肉疲劳、食欲不振等症状	鸡肉、舞茸、海苔、鸡肝、大马哈鱼、沙丁鱼、芝麻、糙米、小麦、纳豆、西红柿、芜菁、青豌豆等
维生素B₂	有很强的抗氧化作用。能帮助细胞再生和细胞发育，能促进脂肪代谢。可以有效预防白内障和结膜炎。能保护黏膜、皮肤和指甲，还能防止长头屑	牛的肝脏、大马哈鱼、海苔、蛋、乳制品、香芹菜、辣椒粉、黄绿色蔬菜等
维生素B₃	也称烟酸。能促进血液循环，有效降低血脂和中性脂肪。是消化碳水化合物、蛋白质和脂肪所必需的维生素。作用于消化系统和神经系统，也有助于保持皮肤健康	菌菇类、鳕鱼、鲣鱼干、海苔、金枪鱼、沙丁鱼、青花鱼、鸡肉、生肉、啤酒酵母、糙米等
维生素B₅	也称泛酸。具有延年益寿、增强免疫功能、防止过敏、刺激肾上腺皮质激素活性等作用，因此也能有效缓解压力。最好和维生素C一起摄取	肝脏、鸡肉、菌菇类、乳清、长蒴黄麻、花菜、纳豆、鸡等
维生素B₆	抑制肝脏堆积脂肪，是矿物质制造红细胞时必需的维生素；刺激胃酸分泌；帮助蛋白质消化吸收；促进毛发、牙齿的代谢；参与神经传达。一旦不足，容易引发过敏	大蒜、香芹菜、香蕉、干姜粉、青色鱼、鸡肝、芜菁、长蒴黄麻、芝麻、纳豆、酵母、未精制的谷类等
维生素B₁₂	制造红细胞，防止贫血；维持神经功能，协助叶酸活动	蚬、花蛤、鲣鱼、秋刀鱼、大马哈鱼、杂鱼干、海苔、肝脏等
维生素C	帮助骨骼、关节生成和维持，增强免疫力的同时还能有效预防癌症。虽然普遍认为维生素C能在体内合成，因此没有必要再摄入，但由于现代的环境压力影响，体内合成的似乎不够。具有抗氧化作用，能改善重金属中毒症状，同时也能解毒	基本上常见的蔬菜都含有维生素C。金虎尾、羽衣甘蓝、香芹菜、海苔、青椒、卷心菜、西蓝花等含量尤其多
维生素H （生物素）	有利于甲状腺、肾上腺、神经组织、骨髓生长发育，也能有效提高生育能力。是脂肪、蛋白质和碳水化合物代谢必需的维生素。对皮肤代谢也是必不可少的	舞茸、肝脏、肾脏、鸡、沙丁鱼、花蛤、鳗鱼、纳豆等
叶酸	制造红细胞，防止贫血；促进细胞正常生成；也是一种能对抗过敏性皮炎的营养素	海苔、香芹菜、肝脏、羽衣甘蓝、西蓝花、毛豆、菠菜、纳豆、红辣椒、土豆、大豆等
胆碱	抑制脂肪肝，防止由于血管扩张导致血压下降	鸡蛋、黄绿色蔬菜、肝脏、大豆、酵母等
脂溶性维生素 维生素A 动物性（维生素A₁）	保护皮肤和黏膜，维持免疫功能	猪肉、肝脏、马肉、香鱼、鮟鱇鱼、鳕鱼、海苔等
维生素A 植物性（胡萝卜素）	具有抗氧化作用，增强免疫力，预防衰老、感染。有助于提高视力	胡萝卜、海苔、紫苏叶、油菜、茼蒿、南瓜、长蒴黄麻等
维生素D	促进钙和磷的吸收。促进钙质的充分吸收，帮助强健骨骼。在光照的情况下，也能通过皮肤合成	菌菇类、海藻、沙丁鱼、秋刀鱼、大马哈鱼、鮟鱇鱼、鳗鱼、木耳等
维生素E	预防氧化和衰老；促进肌肉再生，提高恢复能力；抑制感染；预防循环系统疾病	香鱼、鳟鱼、纳豆、马肉、苹果、芜菁叶、南瓜、核桃、味噌、黄豆粉、葵花籽油等
维生素K	凝结血液必需的营养素；强健骨骼。因为肠内细菌能够合成，所以基本不存在不足的情况。但如果长期喂食抗生素的狗狗要注意补充	海苔、裙带菜、羽衣甘蓝、香芹菜、罗勒、长蒴黄麻、豆苗、茼蒿、纳豆等

矿物质的种类

接下来介绍对狗狗尤其重要的几种矿物质。
注意不能过量，要均衡摄取。

名称	作用	富含的食物
钙	帮助形成骨骼，收缩肌肉。血液中的钙质能维持生命活动，如帮助止血、收缩肌肉等。维持体液呈碱性	小鱼、海藻、芝士、乳制品等
磷	磷和钙一样能强健骨骼和牙齿。一旦缺磷，就容易疲倦，反应也会变得迟缓	鱼、大豆、肉等
钾	和钠一样能保持血管功能正常，还能调节心脏功能和肌肉运动。如果缺钾，就会导致发育迟缓，出现脱水症状。钾能把体内积累的水分和盐分一起排出体外	海藻、鲣鱼干、水果、香芹菜、纳豆、薯类等
钠	氯和钠的化合物，也就是所谓的盐，是地球上大部分生物必不可少的营养素。钙和钠共同合作调节体内的水含量。但是如果摄入过量，身体为了保持一定的浓度也会储存水分	盐
镁	和磷、钙一样能帮助形成骨骼，是细胞储存、消耗能量必要的成分，也能促进身体各类新陈代谢	海带、羊栖菜、海苔、大豆等
铁	血红蛋白的构成成分之一，负责运输氧气和二氧化碳。缺铁的典型症状就是贫血，还会导致免疫力低下，体重减轻	罗勒、百里香、海苔、贝类、肝脏、黄绿色蔬菜等
锌	锌能激活体内的酶，促进细胞正常分裂；能预防感染，还有宁心安神的作用	牡蛎、芝麻、肝脏（牛、猪）、舞茸、杂鱼干等
碘	碘元素是甲状腺激素的成分之一，会影响新陈代谢。缺碘会导致身体代谢失控	海藻、鱼类、寒天等

功能性成分

下面介绍在一些具有抗氧化作用、能提高免疫力、缓解压力等间接功效的成分中，几种适合狗狗的营养素。

名称	作用	富含的食物
膳食纤维	刺激肠道蠕动、提升体温；稳定血糖值的上升；预防便秘，抑制吸收多余的脂肪和糖类	菌菇类、海藻类、根菜类、芹菜、生菜
花青素	植物中含有的紫色色素，属于多酚的一种。具有很强的抗氧化作用，能改善肝功能，稳定血压，帮助维持健康	南方越橘、紫薯、紫苏、甜菜、黑米、黑豆、茄子
植物雌激素	大豆中含有的一种多酚。增加骨量（译者注：单位体积内，骨组织和骨基质含量），预防骨质疏松	纳豆、豆浆、豆腐、豆腐渣、黄豆粉、味噌、大豆
类胡萝卜素	黄绿色蔬菜中含量较多。红色、黄色、橙色色素有很强的抗氧化作用，能有效预防癌症	胡萝卜、西红柿、红辣椒、橙子、大马哈鱼、南瓜、西瓜、柿子
芦丁	多酚的一种。能够软化毛细血管，促进血液循环，预防动脉硬化和心脏疾病。能促进维生素的吸收	芦笋、红豆、西红柿、无花果、葡萄柚
番茄红素	加热后具有强大的抗氧化作用和去除活性氧的能力，还能预防衰老	西红柿、柿子、西瓜、粉红葡萄柚
β－葡聚糖	菌菇中含有的一种膳食纤维。能有效抑制糖类和脂肪的吸收，刺激免疫细胞，增强免疫力。防癌效果也十分可观	香菇、杏鲍菇、滑菇、舞茸、蟹味菇等菌菇

7 如何保持水分平衡

不仅要摄取水分，也要让代谢正常化

　　狗和人一样，身体需要大量的水分。尤其因为狗狗是通过呼吸和脚下的肉球来调节体温的，所以日常保持水平衡十分重要。身体各个内脏器官维持功能正常，都需要适当的水分。让身体保持正常的水平衡和代谢正常是维持健康的第一步。

　　要保持身体正常的水平衡，仅仅摄入水分是不够的，还需要保证狗狗体内的水分适量。如果狗狗摄入水分比较多，可以给狗狗吃一些利尿的食物；如果狗狗摄入水分不足，可以给狗狗吃蓄水性高的食物。总之，主人根据狗狗摄入的水分选择合适的食材是很重要的。平时不要太偏向某一种食材，要保持饮食平衡。（每天摄取的水量标准参考第117页。）

　　为了保持身体水平衡，也要尽可能地控制居住环境的湿度和温度。日本一年四季的温度和湿度都在发生变化，通过保证一定的热量指数，也能减少外部环境对狗狗身体的压力。

将热量指数控制在让狗狗舒适的程度

为了确保舒适的居住环境，要考虑湿度和温度的平衡。
根据热量指数的标准控制湿度。例如，如果气温为20℃，湿度控制在36%~55%比较好。

$$\boxed{气温（℃）} \times \boxed{湿度（\%）} = \boxed{热量指数}$$

18℃~22℃ 　　　　40%~60% 　　　　720~1320

又热又潮湿的
最难受了~

狗狗有哪方面的倾向

你的狗狗是水分过多，还是水分欠缺？
参考下文的"合适的食材"，通过食物来调整身体的水平衡吧。

水分过多型 或 水分缺乏型

☐ 前脚、后脚和头部附近湿嗒嗒
☐ 全身水肿
☐ 尾巴末端冰冷
☐ 身体发冷

☐ 身体经常发热
☐ 没有运动却气喘吁吁
☐ 身体发硬
☐ 身体干燥或者淋巴结肿大

水分过多型		水分缺乏型
讨厌散步，没有干劲	性格	易怒，易兴奋，很难冷静
偏食严重，食欲不振	食欲	食欲旺盛，多饮多尿或少饮少尿，大便硬，身体热
肠胃炎，椎间盘突出症，皮肤炎（湿疹类型：小疙瘩、水肿），肿瘤等	易患的疾病	自身免疫性疾病、甲状腺疾病、皮肤炎（脂型）、关节炎、变形性关节炎症等
呕吐、腹泻频繁，腹泻时大便有黏膜	消化的状态	有便秘倾向，腹泻时大便出血
具有很好利尿作用的食材。红豆、黑豆、豆瓣菜、冬瓜、白菜、猪肝等	适合的食材	蓄水性较好的食材。山药、秋葵、裙带菜根、葛根、寒天等

要点

狗狗的体内外都保持水平衡很重要

不仅要控制居住环境的气温和湿度，使其保持平衡，还要调整体内水平衡，
不能让水分滞留，也不能让水分流失，要让各个内脏器官正常运作。

8 如何预防寒性体质

 ## 判断身体是否变冷

狗狗全身都被毛覆盖，因此主人很难察觉狗狗的体温以及身体是否变冷。
平时我们就要有意识地去判断狗狗是否有以下特征。

☐ **身体和脚的前端、
肉球是否发冷**

在狗狗睡觉起来、散完步后，要
判断它的耳朵和脚前端是否发
冷，和身体有无温度差。平时我
们要多触摸狗狗的身体，通过
皮肤了解它正常的体温，这样就
方便判断了。

☐ **经常发抖**

狗狗一旦全身发冷，身体就会
发抖，从而产生热量。

☐ **检查确认牙龈颜色
是否发白或发紫**

狗狗血液循环不良，牙
龈颜色就会比平时偏白
或偏紫（也有可能暗示
重大疾病）。我们在平
时就要多观察狗狗的
牙龈颜色。

增强肠胃蠕动，经常活动大脑，锻炼肌肉很重要

狗也会怕冷。动物都是通过收缩血管，首先保证内脏所在的身体内部供暖所需，再维持身体其余各处的体温。当气温较低时，温暖的血液会集中到身体内部，因此四肢的毛细血管就会收缩起来。这样一来，血液就无法充分运输到毛细血管末端，狗狗的肉球和四肢就会发冷。这样发冷的情形也会发生在夏天的空调房里。

不仅是寒冷，还有各种各样的原因会引起血液循环不畅通，从而导致狗狗容易怕冷。尤其是步入老年期后，狗狗的抵抗力和生理功能不断下降，很容易受到环境、气温变化的影响。身体发冷会导致免疫力低下，血液循环不畅通，从而身体更冷，陷入恶性循环。

生成体温的结构

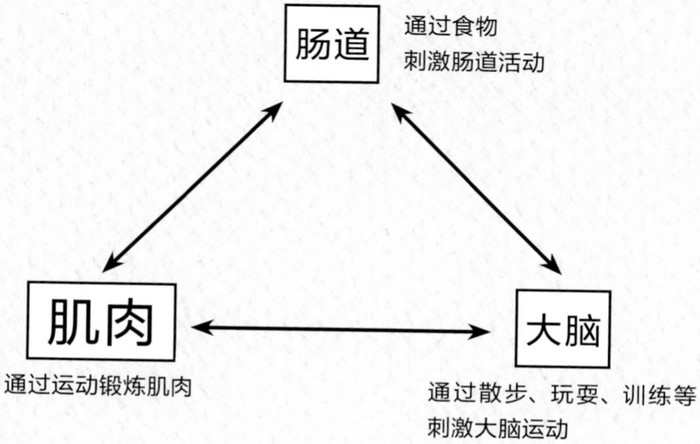

肠道　通过食物
　　　刺激肠道活动

狗狗免疫功能正常情况下的体温是38.5℃~39℃。约50%的体温是由肌肉和肠道活动提供的。为了锻炼肌肉，运动是必不可少的，通过运动可以活动肌肉和大脑，还能促进肠道蠕动。为了保持肠道健康，也要维持大脑的健康，肠道、大脑、肌肉这三者息息相关，共同帮助维持体温。

肌肉
通过运动锻炼肌肉

大脑

通过散步、玩耍、训练等
刺激大脑运动

要点

如果身体发冷，免疫力和代谢都会下降，容易引发各种疾病

身体发冷，不仅免疫力会下降，还会导致体内代谢下降，血液循环受阻，从而使身体更冷，造成恶性循环。这个问题不能只通过饮食来改善，还要通过运动来刺激肌肉、大脑和肠道活动。

9 中医的智慧，能暖身或去热的食材

根据环境和身体状况，调节饮食平衡

中医认为，所有的食材都有功效，食材的药效对改善各类症状和疾病有基础性作用。其中尤其重要的是"食性"这一说法。

所谓食性，就是指食物在体内发挥的作用。进一步说，大部分的食物可以分成三类：具有清热解火作用的（寒凉性或阴性）、具有驱寒暖身作用的（温热性或阳性）、不凉也不热的（平性或中性）。其中"寒凉性"又有寒性和凉性之分，"温热性"又有温性和热性之分。为了维持狗狗正常的体温以及保持身体水平衡，主人要了解哪些食材能暖身（促进血液循环等）、哪些能清火（净化血液等）。主人不能一味地偏向某一种食材，要注意狗狗对所有食材均衡摄入。根据季节、环境以及狗狗的身体状况，适当调节温热性和寒凉性的平衡，给狗狗选择合适的食材吧。

保持食性平衡的方法

基本以平性食材为主，均衡地摄入温热性和寒凉性的食材。
如果是夏天或冬天，狗狗的身体出现发热或发冷的时候，可以适当调整食性平衡。

		温热性		平性		寒凉性
基本（春秋）	=	2	:	6	:	2
夏	=	1	:	6	:	3
冬	=	3	:	6	:	1

注：假设所有比重的和为10。

要好好了解食物的食性哦！

暖身或清热食材的特征

虽然不能一概而论，但是暖身的食材和清热的食材总会表现出一些倾向性的特点。
而且，不同的人区分方法也有所不同。

	温热性（能驱寒暖身）	平性	寒凉性（能去热清火）
倾向	北方产的食物 （大马哈鱼等）		南方产的食物 （香蕉、西瓜、黄瓜等）
	硬的食物 （根菜类等）	芝士等	软的食物 （面包、黄油等）
	暖色系（红、橙、黑等） （红肉、蛋、红豆等）	黄色系（黄、米黄） （糙米、薯类等）	冷色系（白、绿、青） （牛奶、豆腐、绿叶蔬菜等）
	黑色系的食物 （黑豆等）		白色系的食物 （面条、白砂糖、化学药品等）
代表食材	干姜粉、紫苏叶、芝麻、姜黄粉、大蒜、油菜花等	卷心菜、山药、米等	茄子、白萝卜、黄瓜、西红柿、芹菜、菠菜等
功效	提高内脏功能（活性化），促进血液循环，增强活力，提高代谢，调节体内水平衡	平时摄入食物的70%都是平性。平和的性质，功能也比较稳定。没有特别需要注意的	具有抗炎症、净化血液、帮助解毒的作用。能促进排尿，去除代谢物和病原体

注：这是为了简单区分温热性和寒凉性而作出的标准，也有例外情况。

要点

所有的食物都有各自的功效，摄入食物能改变身体状态

要根据季节、环境以及狗狗的身体状况选择合适的食材，
做出食材均衡的饭食，帮助狗狗维持身体健康。

为娜佳的生命安危着想，我家的QOL

现在很多狗狗都很长寿，甚至有不少能健康地活到十七八岁。自然不是说活得越久就越好，而是要想一想狗狗这一生是否过上了该有的生活。进一步说，如今在日本，狗狗们已经无法在喜欢的街上自由自在地奔跑了，因为必须由主人牵着走才行。狗狗对主人们为他们决定的生活也是百分百的满足、信赖和感谢。

我家的猫猫狗狗已经成为我人生的一部分，它们的生活都由我来决定，不论我怎么做它们都能坦然接受。在娜佳 13 岁半的某个早上，她突然像虎皮地毯一样倒在了地上。因为主治医生还在休假，我便带她去看了附近的兽医。医生说当天晚上是个坎儿，娜佳或许坚持不了几天，还说可能需要做开腹手术。最近开始流行一个叫 QOL（生命质量）的词语。我应该优先考虑什么呢？给狗狗延长几天的寿命开心的到底是狗狗还是我呢？我很想继续陪伴在娜佳身边，但我并不是娜佳。留下痛苦的回忆，死死挣扎只为了多活几天。这满足的是我的需求而非娜佳的。既然如此，我决定不再勉强娜佳，就让她在该走的时候快乐地离去吧。

虽然我嘴上说着不管什么时候只要她想走的时候就让她走吧，但娜佳却似乎有了求生欲，从那之后又活了三年。我每天带着她慢慢地散步，将以前的 1 小时延长到了 1.5 小时。考虑娜佳的身体情况再带着她散步。因为娜佳一旦肌肉萎缩，体温下降，可能又会引发身体各处的疼痛。

每天踏踏实实地走路，对狗狗来说，也是为了活到最后而做出的努力。我没有给她做会带来疼痛的检查和治疗，仅仅帮助她做了缓解调养，饮食护理也保持在最低限度。早上要是太忙了，我就把早饭放到中饭点后再吃。有时候她也会转来转去表示反抗，不过还是在一边儿等着。我家的相处方式就是不被对方牵着鼻子走。虽然我还没有弄明白提高 QOL（生命质量）到底是什么意思，但是我觉得现在这个方法就是正确的，这样就可以了。

第六章 可选
食材百科

1 肉、蛋

肉类和蛋类要尽可能选择新鲜的食材。给狗狗生吃这些食物的时候，要提前将生食加工处理，或者在 -10℃以下冷冻10天左右。对待年轻的健康狗狗，偶尔也可以把骨头一起给它们吃。对待消化能力弱或年纪大的狗狗，要先将食物煮熟，方便它们消化。

驱寒暖身（温热性）

牛肉
（运）（血）（肺）（皮）

蛋白质、脂质、锌、铁、辅酶 Q10

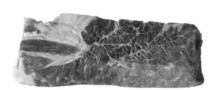

牛的大腿肉和肩部肉富含维生素，脂质含量又很少。牛里脊低脂高蛋白，富含铁和维生素，十分推荐食用。搭配维生素C一起食用能促进铁的吸收。

鸡肉
（消）（癌）（运）（肺）

蛋白质、脂质、精氨酸、维生素A、维生素B

鸡胸肉脂肪含量低，富含维生素 B_3，低热量高蛋白，适用于增肌；但鸡肉磷含量很高，要防止摄入过量。鸡皮和翅根肉富含胶原蛋白和葡糖胺。鸡肉还含有少量铁和锌。

鹿肉
（癌）（消）（皮）（血）（运）（肺）

蛋白质、DHA、维生素 B_3、维生素 B_2、铁

鹿肉是一种高蛋白、低脂肪、低热量、低胆固醇的肉类，尤其富含铁，能预防贫血和高血压；另外还富含铜，能有效去除活性氧。鹿肉是一种致敏率低，富含矿物质和氨基酸，营养均衡的肉食。

动物肝脏和心脏（牛、猪、鸡等）
（消）（癌）（心）（肾）（肝）（皮）（血）

维生素A、维生素B、铁、锌、铜

动物肝脏和心脏脂肪含量少，富含维生素和矿物质。动物肝脏能护肝，心脏能护心，不过要防止摄入过量。维生素A摄入过量会引起皮肤疾病、关节疼痛和食欲不振等症状。一周食用一次为宜。如果是每天摄入一点点，1kg体重的狗狗摄入量要控制在体重的0.1%（1g）左右。动物肝脏和心脏容易变质，因此要挑选新鲜的食材。

羊肉
（消）（运）（血）（肺）

蛋白质、维生素A、维生素B、左卡尼汀、铁

羊肉是驱寒作用尤其显著的肉食，而且还富含有助于燃烧脂肪的左卡尼汀。羊肉中必需的几种氨基酸含量也十分均衡，富含优质的蛋白质，适合给正在生长发育的狗狗食用。

猪肾脏（腰子）
（肾）（癌）（皮）（血）

维生素C、维生素B、维生素 B_3、铁、辅酶 Q10

猪肾脏（腰子）富含维生素和矿物质，脂肪含量低，富含的维生素C比肝脏还多，具有很强的抗氧化作用。优质的蛋白质能帮助缓解疲劳，缓解压力。猪肾脏具有利尿作用，能保护肾脏，但要防止摄入过量。一周食用一次为宜。

各类食材的功效

心 调养心脏……调节血液循环；保护大脑的神经系统；保护心脏功能；帮助睡眠

肾 调养肾脏……调节体内水平衡；强健骨骼；保护膀胱（利尿作用）；控制血压

肝 调养肝脏……调节新陈代谢；运输营养成分，回收代谢物（解毒）；增强血液的储存功能和血量的调节功能；保护自主神经

消 调养肠胃……促进消化（小肠、大肠）；调节肠胃；保护脾脏；调节血液运行；调养全身的肌肉和血管

肺 调养肺部……调节呼吸系统的功能；保护皮肤、鼻、喉、支气管；增强免疫力，防止感染；维持体液代谢功能；维持体温调节功能

癌 预防癌症……抗氧化作用强；增强免疫力；去除活性氧；缓解压力

血 保护循环系统……降脂；预防高血压；促进血液循环；预防动脉硬化；控制血糖值

皮 保护皮肤……保护皮肤，调养毛发

运 强健肌肉和骨骼……促进钙的吸收；收缩、放松肌肉；缓解疲劳；增强活力

老 预防衰老……增强食欲；预防氧化；预防衰老；预防贫血；预防骨质疏松

不凉也不热（平性）

猪肉

蛋白质、脂质、维生素 B$_1$、维生素 B$_2$、辅酶 Q10

猪腿肉和肩膀肉脂肪含量低，富含维生素 B$_1$，能帮助缓解疲劳，还能促进蛋白质和糖质分解。猪里脊不仅富含维生素 B$_1$，还有很多铁和维生素 B$_2$，能预防贫血和增强体力。不过猪肉容易出现寄生虫问题，一定要煮熟了再给狗狗吃。

鸡蛋

消 癌 心 肾 肝 老 血

必需氨基酸、维生素 A、维生素 D、维生素 E、磷

鸡蛋的氨基酸含量丰富。蛋黄可以生吃，还富含被称为皮肤维生素的生物素。蛋白食用前必须加热。鸡蛋是优质的蛋白质食物，能有效保护肝脏，帮助病后体力恢复。鸡蛋加热时间不同，狗狗对其进行消化的速度也不一样。半熟的鸡蛋最适合用来调养肠胃。

鹌鹑蛋

必需氨基酸、维生素 A、维生素 D、维生素 B$_{12}$、维生素 B$_3$

鹌鹑蛋的胆固醇含量比鸡蛋高，富含铁和铜，因此要防止摄入过量。和鸡蛋一样，鹌鹑蛋蛋白食用前需要加热。

清热去火（凉寒性）

马肉

蛋白质、脂质、钙质、糖原、铁

马肉是一种高蛋白、低脂肪、低热量、低胆固醇的肉食，亚油酸、α–亚麻酸等几种必需脂肪酸含量均衡，也是致敏率低的肉类。少量摄取就能保证必要蛋白质的摄入，因此也适合老年犬食用。

一天的肉食和水量的标准

狗的体重	5kg	10kg	20kg	30kg
鸡胸肉（去皮）	100~120 g	200~220 g	330~350 g	440~460 g
猪肉、羊肉、牛肉（去脂）	120~140 g	220~240 g	360~380 g	500~520 g
生马肉	130~150 g	240~260 g	390~410 g	540~560 g
生鹿肉	120~130 g	220~240 g	340~360 g	470~490 g
鱼类	130~150 g	230~250 g	390~410 g	540~560 g
水分	350~400 mL	700~900 mL	1000~1200 mL	1300~1500 mL

注：以健康的狗狗（已绝育）为前提，没有绝育的狗狗，需要的分量约为以上的1.1倍。

2 鱼

鱼肉中的EPA能预防动脉硬化，改善和减轻过敏症状，还能消耗中性脂肪。鱼肉中富含的DHA能帮助血流畅通，降低血液中的脂质浓度，激活视网膜和大脑。建议每周食用2~3次。要挑选新鲜的鱼类，小鱼和青色鱼（去头、去内脏）煮熟后可以连骨头一起给狗狗食用，同时要注意去掉肉里的硬刺。淡水鱼可以连头和内脏一起给狗狗食用。

驱寒暖身（温热性）

竹荚鱼
消 肾 运 老 血 癌 皮 肝 心

硒、维生素B₃、维生素B₆、维生素B₁、维生素D

竹荚鱼一年四季都有，盛产期在夏季，据说是唯一一种具有去湿气作用的鱼类，尤其适合在梅雨季节食用。竹荚鱼富含硒元素，具有强大的抗氧化作用，还能有效增强免疫力。

沙丁鱼
消 肾 肝 心 血 癌 老 皮

沙丁鱼肽、钙、维生素D、维生素E、铁

秋季盛产的沙丁鱼富含脂肪，肉质鲜美，富含钙质和铁，并且还含有能促进钙和铁吸收的维生素D。沙丁鱼的营养很丰富，能强健骨骼和牙齿。沙丁鱼的鱼骨比较柔软，推荐连骨一起给狗狗食用。

青花鱼
消 血 癌 老 肾 肝 运

牛磺酸、胶原蛋白、维生素B₁₂、维生素B₆、辅酶Q10

青花鱼的盛产期是秋冬两季，特点是富含脂肪。100g青花鱼中就含有近8g的脂肪。因为青花鱼容易腐烂，还会滋生异尖线虫等寄生虫，所以一定要充分加热后再给狗狗食用。

金枪鱼
消 血 癌 老 皮

牛磺酸、维生素A、维生素D、维生素E、铁

每个季节盛产的金枪鱼品种都不一样，随着冷冻技术的进步，基本上一年四季都能吃到金枪鱼。金枪鱼浑身都是宝，不仅富含能预防贫血的铁，促进血液循环的维生素E，还有能促进胆固醇代谢的牛磺酸，营养均衡又丰富。

大马哈鱼
消 皮 心 血 老 运 癌 肾 肝

虾青素、维生素B₃、维生素B₅、维生素B₁

大马哈鱼的盛产期是秋季，富含的虾青素具有强大的抗氧化作用，是维生素C的6 000倍，能有效清除活性氧，还有预防癌症的作用。大马哈鱼和油一同摄入能促进狗狗吸收。

不凉也不热（平性）

鲣鱼

肝 肾 消 血 老 运 心

肌苷酸、维生素B$_{12}$、
维生素B$_3$、铁、牛磺酸

鲣鱼的盛产期是春季和秋季。在所有鱼类中，鲣鱼的维生素B$_{12}$和铁的含量位居第一，最适合用来预防贫血和促进造血。因为铁和维生素C一同摄入能促进铁吸收，所以建议搭配蔬菜和柠檬汁等一起食用。另外，鲣鱼中富含的牛磺酸能有效增强肝脏功能，帮助缓解疲劳。

秋刀鱼

消 血 老 运 癌

维生素B$_{12}$、维生素A、维生素B$_3$、铁、牛磺酸

秋刀鱼的盛产期是秋季，富含几种必需的氨基酸，营养均衡，还含有优质的蛋白质。其含有的维生素B$_{12}$能激活骨髓的造血功能，增加红细胞的数量。秋刀鱼的脂肪容易氧化，如果和维生素C一同摄入就能预防氧化。

鳕鱼

肾 肝 消 血 运 老

谷胱甘肽、牛磺酸、
维生素A、维生素D、叶酸

鳕鱼的盛产期是冬季。因为低脂低卡，又富含纤维蛋白，因此加热后肉质也不会变硬，十分利于消化。鱼骨比较坚硬，建议去除。鳕鱼适合在狗狗腹泻等肠胃功能较弱的时候食用。

带鱼

消 心 皮 运 癌 肾

油酸、维生素E、维生素D、磷、镁

带鱼的盛产期从夏季到秋季。带鱼味道清淡，但是富含的脂质比蛋白质还多，还含有具有利尿作用的钾元素，能保持身体水平衡。银皮中含有的鸟嘌呤是一种抗癌物质，其丰富的油酸还能预防动脉硬化。

香鱼

肾 肝 消 血 老 运 皮

维生素E、维生素B$_6$、
维生素A、维生素B$_3$、磷

香鱼的盛产期是初夏，被称为"淡水鱼之王"，其体内的维生素E含量非常高，内脏部位营养十分丰富，建议一起给狗狗食用。香鱼的维生素A含量可与鳗鱼相匹敌，能有效维持眼睛和皮肤健康，增强免疫力。

鳗鱼

肾 肝 消 血 老 运 皮

胶原蛋白、天冬氨酸、
油酸、维生素B、维生素A

养殖鳗鱼的盛产期是在夏季入伏前，野生鳗鱼的盛产期是冬季。鳗鱼在药膳中具有"补血"的功效，被认为是一种能滋补养生、强身健体的食材。鳗鱼含有丰富的维生素A，能增强肾脏和肝脏功能，对维持眼睛健康也有不可或缺的作用。建议一年给狗狗喂食1~2次，帮助狗狗强身健体。

3 大豆、豆制品、乳制品

驱寒暖身（温热性）

纳豆

`肝` `血` `皮` `消` `运` `老`

蛋白质、镁、皂苷、
钙、维生素E

纳豆是一种营养丰富的超级食物。 纳豆激酶是只存
在于纳豆中的一种蛋白质分解酶，能预防血栓，促进
血液循环，还有预防高血压、调节肠道功能，增强免
疫力等作用。晚上食用更能有效预防血栓。

味噌

`肝` `肺` `血` `癌` `老` `消`

膳食纤维、维生素E、
维生素B₂、钙、钾

味噌是万能调味料，富含各种必需的氨基酸，对
维持健康具有必不可少的作用。自己做饭时容易
忽略添加盐分，正好可以通过味噌补充。

核桃

`心` `肾` `肺` `血` `癌` `皮` `老`

维生素E、维生素B₁、
钾、锰、脂质

核桃能提供必需脂肪酸，是一种低
糖的坚果，具有很强的抗氧化作用，
能有效预防衰老。核桃中大约有
70%都是脂质。

山羊奶

`心` `肾` `皮`

钙、钾、
维生素B₂、磷、维生素B₅

山羊奶成分和母乳相似，营
养价值比牛奶还高。脂肪球
比较小，因此有助于消化吸收，
能提供很多的营养物质。建议给成长
期或者产后的狗狗食用。

姜黄粉（秋季姜黄）

`心` `肝` `肺` `血` `癌`

膳食纤维、姜黄素、
钙、镁、铁

姜黄粉能吸附肠内的胆固醇，将其
排出体外，姜黄素能去除活性氧。
另外姜黄粉还能促进胆汁分泌，增
强肝脏功能，具有抗炎症、抗氧化、
增强心脏血管功能等作用。

红豆

`消` `心` `肾` `老` `血`

膳食纤维、皂苷、
维生素B₁、维生素B₂、钾

如果想直接加在食材上给狗狗食用，推荐
用红豆粉。也可以把红豆煮烂捣成泥状给
狗狗吃。红豆是强健肾脏的食材之一。

黄豆

`消` `癌` `老` `血` `皮` `肾` `心`

蛋白质、膳食纤维、
钾、维生素E、维生素B₁

黄豆富含多种必需的氨基酸，营养均衡。
黄豆皂苷能抑制血液中脂质和胆固醇氧
化，能预防癌症。

芝麻

`消` `肝` `肾` `癌` `老` `血`

维生素B₁、维生素B₆、
钙、镁、铜

芝麻富含多种狗狗必需的不饱和脂肪酸（亚
油酸和油酸），黑芝麻含有丰富的花青素。

大豆、大豆制品等植物性蛋白质和乳制品虽然不像鱼和肉一样常用来做主食，但经常被用来做配料，只放一点点在饭食里。那么我们先来了解一下它们的作用吧。

心 调养心脏　肾 调养肾脏　肝 调养肝脏　消 调养肠胃　肺 调养肺部
癌 预防癌症　血 保护循环系统　皮 保护皮肤　运 强健肌肉和骨骼　老 预防衰老

不凉也不热（平性）

黄豆粉
消 癌 老 血 皮 心
蛋白质、膳食纤维、钾、维生素E、铜

黄豆粉是将炒熟的黄豆碾成粉末状制成的，相比生的豆子更容易被消化吸收。黄豆粉和黄豆一样，具有抗氧化作用和调节肠道功能的作用，还能有效预防癌症。可以撒在饭食上，或者撒在酸奶和脱脂干酪上做成小零食。

酸奶
消 癌 皮
钙、维生素B₂、维生素B₅、碘

酸奶是由牛奶发酵而成的食物。根据乳酸菌的种类，不同的酸奶会产生不同的功效，但都具有一个共同点，就是能调节肠胃功能。如果狗狗早上起来出现吐胃液或胆汁的情况，睡前给它们吃一些酸奶就能轻松改善了。

脱脂干酪
肝 消 皮 血 癌
钠、钙、维生素B₂、维生素B₁₂、维生素B₅

脱脂干酪是一种高蛋白、低热量的食物，具有多种功效：能保护眼睛和皮肤、预防动脉硬化、保护脑神经、预防贫血、预防癌症、强健骨骼等。在家里就能简单制作，十分推荐。（参考第92页）

豆浆
消 心 肾 老 血
叶酸、铁、钾、铜、生物素

豆浆适合在夏天食用。可以掺水当成狗狗的饮用水或者加在饭食中。要选择没有调制过的豆浆。如果摄入豆浆过多会加重肾脏负担，一点点增加分量，同时观察狗狗的状态。

清热去火（凉寒性）

豆腐
消 肝 血 皮 老 肾
钙、镁、磷、维生素K、维生素B₁

豆腐有木棉豆腐和绢豆腐之分，前者含有的矿物质更加丰富，后者含有的维生素更多。因为植物凝血素附着在肠壁之后，容易引发腹泻，因此豆腐必须先加热，然后取少量给狗狗食用。患有磷酸铵镁结石的狗狗禁止食用。

豆腐渣
消 心 肾 老 血
膳食纤维、镁、钾、维生素K

豆腐渣中富含的膳食纤维是牛蒡的两倍，能激活肠道。因为豆腐渣能增加食物体积，所以适合给想减肥的狗狗食用。食用前必须加热，干煎后可以冷冻保存。不过，豆腐渣中的脂质和热量比鸡胸肉还要多，会增加肝脏和胆囊的负担，因此要防止摄入过量。小型犬一天建议一小杯。另外，患有草酸钙结石和磷酸铵镁结石的狗狗禁止食用。

121

4 贝类、海藻

牡蛎和虾夷扇贝等贝类食物虽然不能经常给狗狗吃，但是从冬季到春季的这段时间，可以在初春解毒期吃几次来补充锌质。凉寒性的海藻也能用来净化血液。贝类和海藻一般当作配料，在饭食中加一点点即可。

不凉也不热（平性）

牡蛎

糖原、谷氨酸、牛磺酸、铜、锌

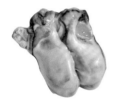

牡蛎的盛产期是冬季到春季。牡蛎也被称为海洋牛奶，是一种营养价值很高的食物。牡蛎的含锌量在所有食物中都是名列前茅的。锌具有抗氧化作用，能增强免疫力，加快新陈代谢，强化脑功能，和维生素C一同摄入能促进锌吸收。糖原能增强肝功能，牛磺酸能增强体力，抑制胆固醇上升。牡蛎中富含的维生素B$_{12}$还能预防贫血。不需要经常给狗狗食用牡蛎，在冬天到春天的这段时间内给狗狗食用几次就行。小型犬每餐吃一个即可。

虾夷扇贝

牛磺酸、锌、维生素B$_{12}$、维生素B$_2$、谷氨酸

虾夷扇贝的盛产期是1月，含有丰富的牛磺酸，能激活大脑，控制血脂，增强肝功能，也是一种低脂肪的优质蛋白质食物。虾夷扇贝中的锌能保护肌肉和皮肤，谷氨酸能帮助睡眠，尤其适合在春季解毒期给狗狗食用。因为维生素B$_{12}$加热后容易变质，因此虾夷扇贝最好生吃。小型犬每餐吃一个即可。

海苔

维生素B$_{12}$、硒、钙、叶酸、膳食纤维

海苔的盛产期是11—12月。被称为"海洋蔬菜"的海苔中的胡萝卜素含量是胡萝卜中的3倍，铁含量是菠菜中的30倍，膳食纤维含量是牛蒡中的7倍。海苔中的膳食纤维比蔬菜中的更柔软，不会给肠胃增加负担，容易被消化吸收。海苔还具有促进糖质代谢，促进细胞的新陈代谢，维持皮肤和黏膜健康，保护脑神经等多种功效。海苔中的多糖具有增强心脏肌肉收缩的功效。家里常备一些海苔，每天取一点点洒在饭食上，十分方便。

清热去火（凉寒性）

羊栖菜
肾 肝 血 老 运 消 皮 心

膳食纤维、铁、
钙、镁、钾

羊栖菜的盛产期是3—4月。羊栖菜被认为是一种富含铁的食物，但用不锈钢锅煮完的羊栖菜，其营养成分仅是用铁锅煮完后的1/10。羊栖菜富含膳食纤维和矿物质，适合每周吃一次，帮助延年益寿。小型犬一周食用三次以下，一天摄入10g以下。

寒天
肝 肺 癌 消 血 肾 心

膳食纤维、维生素B$_5$、
锰、钙、镁

寒天具有很强的蓄水能力，能慢慢渗透肠胃壁，使肠胃壁保持湿润。如果狗狗不怎么喝水或者持续腹泻导致身体干燥，可以用寒天做成小零食给狗狗补充水分。寒天不含热量，吸收胃中的水分后会膨胀几十倍大，能让狗狗产生饱腹感，所以也适合给肥胖的狗狗食用。

裙带菜
肾 血 癌 肝 老 运

维生素A、精氨酸、
岩藻黄素、维生素K、钾

裙带菜的盛产期是3—5月。中医认为裙带菜能去除体热，增加体液，解决便秘问题，对消除甲状腺肿大和淋巴肿大也有一定功效。裙带菜中的酸性多糖，对癌症患者的肿瘤也有抑制效果。裙带菜中的膳食纤维也很丰富，不过患有甲状腺疾病的狗狗要谨慎食用。

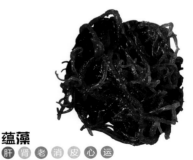

蕴藻
肝 肾 老 消 皮 心 运

维生素A、维生素K、
膳食纤维、藻酸、褐藻素

蕴藻的盛产期是4—6月，表面的黏液是属于膳食纤维的一种褐藻素。蕴藻具有增强免疫活性、保护黏膜、缓解糖质吸收、控制体重、预防糖尿病和高血压等多种功效。患有甲状腺疾病的狗狗禁止食用。

海带
肾 消 心 血 老 皮 运 肝

褐藻素、氨基酸、
钙、碘、钾

海带的盛产期是7—8月，含有丰富的矿物质和膳食纤维，能软化体内的结石，缓解淋巴肿大。海带中的钾能调节体内水平衡；谷氨酸能激活大脑，缓解压力；黏糊糊的精氨酸能增加体内的益生菌，对预防血糖上升也有一定功效。

123

5 温热性蔬菜

夏

南瓜
消 癌 血 皮 老

维生素A、
钾、膳食纤维

比起刚摘下来的南瓜，熟透的南瓜中富含的胡萝卜素更多。因为和油一起炒着吃能促进胡萝卜素吸收，所以建议先将南瓜翻炒一会儿，然后再煮熟给狗狗吃。

罗勒
消 肝 老 血 癌

维生素A、维生素K、
钾、铁、钙

罗勒的香气具有舒缓的作用，能有效帮助放松心情。罗勒含有丰富的矿物质和维生素。将生罗勒切碎后捣成粉末可以当成配料，取一撮放在饭上就可以食用了。

紫苏叶
肺 消 癌 血 皮 老

维生素A、维生素C、
维生素B₁、维生素E、钙

紫苏叶是营养的宝库。因为富含锌和铁等矿物质，给狗狗吃的时候取少量就够了。小型犬每次取1/3片，大型犬每次吃1片。红紫苏中的花青素具有很强的抗氧化作用，能有效抗癌。

干姜粉
消 肺 癌 老 血

姜辣素、维生素B₄、
钾、锰、膳食纤维

只有干姜才具有暖身功效。干姜碾成的粉末，每次给狗狗吃1耳勺就够了。在寒冷的季节或者怕狗狗吹空调冷的时候，可以少量多次给狗狗食用。

能驱寒暖身的温热性蔬菜并不多，而且春季蔬菜中不存在温热性蔬菜。身体暖和了，内脏的运动会变得活跃，血管能保持一定的温度，血液循环也会更加畅通。温热性蔬菜适合给畏寒的狗狗或待在空调房身体怕冷的狗狗食用。另外，温热性蔬菜还能调节水平衡。

心 调养心脏　肾 调养肾脏　肝 调养肝脏　消 调养肠胃　肺 调养肺部
癌 预防癌症　血 保护循环系统　皮 保护皮肤　运 强健肌肉和骨骼　老 预防衰老

秋

冬

芜菁
肺 消 血 老 心 肾 癌 肝

维生素C、维生素B₅、
叶酸、钾、膳食纤维

芜菁叶的营养价值也很高，不要扔掉，可以焯水后搭配鲣鱼干一起食用。根部具有调节肠胃功能的作用，还能有效预防癌症。

栗子
消 肾 血 老 癌

维生素B₁、维生素B₆、
维生素C、钾、膳食纤维

栗子富含存在于土壤中的锰元素，因此适合给喜欢吃土的狗狗食用。栗子含有丰富的碳水化合物，热量也很高。栗子壳可以一同给狗狗吃。

全年

肉桂
肺 心 消 肝 血 老

维生素B₁、维生素B₂、
维生素B₃、钾、钙

肉桂能预防毛细血管老化、调节血糖值、消除水肿、调节肠胃功能、缓解压力。肉桂粉可以每个月给狗狗多次食用。将肉桂作为配料，小型犬每次可以吃1/3小勺。

香芹菜
消 肝 肺 老 癌 血 运 心

维生素A、维生素C、
维生素E、钾、钙

香芹菜的营养价值非常高。把苗插到瓶子里，然后放在厨房里，每次摘一点切碎放在饭里，就可以给狗狗食用了。

百里香
肺 消 皮

维生素B₂、钾、
钙、镁、铁

百里香具有出色的杀菌作用，能够调节气管功能。晒干的百里香含有丰富的矿物质。生的百里香可以碾成粉末，放到鱼肉中一起炖煮。

6 平性蔬菜

平性蔬菜既不会使身体变暖也不会让身体发冷。因为平性蔬菜功效很稳定，所以经常吃也不会引起什么问题。很多蔬菜都属于平性蔬菜。每天给狗狗做的饭食都要以平性蔬菜为主，加入一些时令蔬菜，就能调养身体。

春

卷心菜

肝 消 胃 心 老 癌 血

维生素C、维生素K、叶酸、膳食纤维、维生素U

卷心菜是一种具有强大抗癌功效的蔬菜，还能有效保护黏膜。生吃的话要先切碎，煮着吃的话可以连汤汁一起食用。

羽衣甘蓝

消 血 癌 肝 运

维生素K、维生素C、维生素A、钾、钙

羽衣甘蓝是卷心菜的原种，含有丰富的维生素C。生吃可以用搅拌器搅成糊状，煮熟后可以同汤汁一起食用。

青豌豆

消 老

维生素B$_1$、维生素A、膳食纤维、卵磷脂、β-胡萝卜素

青豌豆富含膳食纤维。煮熟之后可以连同汤汁一起食用。

油菜

消 肝 血 癌 皮 运 胃 心

维生素C、维生素A、钙、铁、钾

油菜含有丰富的钙质。搭配菌菇类食用，更能促进钙的吸收。略微焯水后，可以连同汤汁一起食用。

胡萝卜

消 肝 肺 血 癌 运 胃 心

维生素A、维生素B$_6$、维生素C、β-胡萝卜素、叶酸

胡萝卜外皮含有丰富的β-胡萝卜素。可以将胡萝卜连同外皮刨碎，作为新鲜的配料用在狗狗每天的饭食中。

毛豆

消 肾 肝 血 老

维生素C、维生素B$_1$、叶酸、膳食纤维、钾

毛豆富含卵磷脂，能降血脂。毛豆要煮熟变软之后再给狗狗食用。

秋葵

消 肾 血 癌 运 肝 心

黏蛋白、维生素E、维生素A、叶酸、膳食纤维

秋葵只要略微焯水后切碎，变成黏糊糊的状态后就可以给狗狗食用了。秋葵搭配家山药和滑菇等其他黏糊糊的蔬菜，能进一步保护肠胃的黏膜。

夏

菜豆
消 血 癌

维生素B$_2$、维生素A、
叶酸、膳食纤维、钾

菜豆中富含天冬氨酸，能有效缓
解夏日疲劳。轻炒几下后煮熟再给
狗狗食用的话，能促进β–胡萝卜
素的吸收。

玉米
消 肾 血

蛋白质、膳食纤维、
维生素B$_2$、维生素B$_1$、钾

玉米富含膳食纤维，能激活
肠道。因为玉米不容易消化，
狗狗食用后会整粒排出，所
以建议捣成泥状再给狗狗食
用。玉米须具有很好的利尿
作用。

土豆
消 血 癌 老 皮 肝 肾 心

维生素C、维生素K、
维生素B$_6$、维生素B$_3$、钾

土豆被称为"地下苹果"，含有丰富
的维生素。因为含有大量的淀粉，所
以将土豆加热也不会导致维生素C
流失。给狗狗吃之前要充分煮熟。

青椒
肝 心 消 肾 血 皮 老 癌 运

膳食纤维、维生素C、
维生素E、维生素A、钾

青椒能有效促进血液流动，还能帮助缓
解疲劳。将青椒切成细丁之后略微焯水
就能给狗狗吃了。给消化功能较弱的狗
狗吃之前，需要充分煮熟。

蚕豆
消 血 老

维生素C、维生素B$_1$、
维生素B$_6$、磷、钾

未成熟的蚕豆含有的维生素C比较多，成
熟的蚕豆则含更多的维生素B$_1$和维生素
B$_6$。因为外面覆盖着厚厚的豆壳，所以加
热时流失的维生素C极少。可以连同豆壳
一起切碎给狗狗吃。

红辣椒
肝 癌 血 皮 老 肾 心

维生素C、维生素A、钾

红辣椒适合给中性脂肪多的狗狗食
用。红辣椒含有丰富的维生素E，
搭配核桃或植物油等其他油食用，
能进一步加强抗氧化功效。

127

秋

芋头
消 血 老 肾

半乳聚糖、黏蛋白、
钾、膳食纤维、维生素B₁

芋头是薯类食物中热量较低的。滑溜的黏液具有很多作用，能有效保护黏膜。芋头能帮助缓解胃炎和肠炎，狗狗误食食物的时候还可以帮助促进排泄。

山药
肺 肾 消 血 癌 运

蛋白质、黏蛋白、钾、
膳食纤维、维生素B₁

山药最适合用来增强体力，也是一种能生吃的薯类食物。因为其中的酶在40℃以上的环境容易失去活性，所以不要将山药放入热汤中，直接捣碎放入饭食中就可以了。

甘薯
消 肾 癌 老 运 心 血

碳水化合物、维生素C、
维生素E、膳食纤维、钾

甘薯是维生素的宝库。甘薯含有很多水分，会在肠道中膨胀，因此容易产生饱腹感，适合给减肥的狗狗当零食吃。如果食用过量也会导致热量摄入过多。

全年

苜蓿
消 心 老 癌 血

维生素B₁、维生素E、维生素K、叶酸、膳食纤维

苜蓿新芽比成熟的苜蓿拥有更多的营养素。苜蓿具有很强的防癌作用，维生素E的含量是豆芽中的20倍，可以切碎之后给狗狗生吃。给消化功能较弱的狗狗食用时，可以先略微焯下水。

冬

花菜
消 肾 癌 老 肝 运 心 血

维生素C、维生素B₂、
膳食纤维、钾、维生素B₅

花菜的维生素C含量是卷心菜中的两倍。花菜茎的部分含有很多营养素，因此也可以一起食用。比起煮着吃，用蒸锅蒸着吃或者盖上保鲜膜放入微波炉中加热后食用，更能锁住花菜中的丰富的维生素C。

白菜
消 癌 肾 血 老 肝

维生素K、维生素B₁、
维生素C、叶酸、钾

白菜属于十字花科，能有效防癌。因为白菜的95%都是水分，所以具有很强的利尿功效。吃之前一定要煮熟，煮的时候营养也会流出，因此可以连同汤汁一起食用。

西蓝花
肝 消 肾 癌 老 心 血 皮 运

维生素C、维生素E、
维生素B₂、膳食纤维、叶酸

西蓝花中的维生素尤其多，具有很强大的防癌功效。西蓝花属于十字花科，富含钙和铁等多种营养素。西蓝花茎的部分含有很多甜味成分，还有丰富的维生素，因此也可以一起食用。虽然加热西蓝花会导致维生素C流失，但西蓝花中的维生素C非常多，因此不用在意。

茼蒿
肝 肺 血 老 肾

维生素A、维生素B₂、
维生素E、钾、钙

虽然茼蒿中的维生素C比较少，但是含有的β-胡萝卜素比菠菜和油菜的还要多，拥有的钙质比牛奶中的还要丰富。另外，因为茼蒿的叶子中含有少量草酸，所以煮熟后要摘掉叶子再食用。如果狗狗不喜欢苦味，可以搭配甜味的甘薯一起食用。

莲藕
心 消 癌 血 老

维生素C、膳食纤维、
钾、维生素B₅、黏蛋白

莲藕有助于消化，含有的黏蛋白能保护黏膜，尤其能保护气管黏膜，适合给咳嗽的狗狗食用。建议缩短加热时间，捣碎后再给狗狗吃。

7 凉寒性蔬菜

春	**夏**

芦笋
消 肺 癌 血 老 肾

维生素K、维生素A、
维生素B$_2$、叶酸、钾

芦笋中的天冬氨酸能帮助缓解疲劳，增强体力，促进排尿，尖头部分营养价值尤其高。加热时间可以短些。

水芹
肝 肺 消 血

维生素K、
维生素C、维生素A、
钾、钙

水芹的茎营养很丰富，可以一起给狗食用。水芹能促进难吸收的铁被消化吸收。加热时间尽量短些，煮熟后切碎就可以了。

牛蒡
肝 肺 消 癌 老 心 血

膳食纤维、镁、
叶酸、钾、钙

牛蒡中含有很多水溶性的膳食纤维，能抑制血糖值上升，还能促进排出胆固醇。建议捣碎后加热食用。

冬瓜
消 肺 肾 血 老 癌

维生素C、维生素K、
钾、叶酸、皂苷

冬瓜有助于缓解苦夏疲乏，能帮助身体清热去火，去除水肿。冬瓜中的皂苷具有抗癌的功效。冬瓜瓤和籽中含有丰富的维生素C，因此不要扔掉，也可以给狗狗食用。冬瓜充分加热之后连同汤汁一起食用。

苦瓜
心 血 癌 老

膳食纤维、维生素C、
维生素K、钾

苦瓜中含有丰富的维生素C和钾，是夏季宝贵的蔬菜。加热一定要迅速。如果狗狗生吃苦瓜不会坏肚子，也可以给它生吃。

西葫芦
消 肾 皮 血 老

维生素K、维生素C、
维生素E、叶酸、钾

西葫芦和油相宜，因此先炒一会儿，再煮熟给狗狗吃，可以提高营养吸收率。

生菜
肺 肝 消 血 运 老 心

叶酸、膳食纤维、
维生素K、维生素E、钾

生菜是一种常见的蔬菜，能帮狗狗补充维生素。切碎之后直接放入汤里就能食用。

茄子
肾 肝 血 癌 老

茄色素、维生素K、
叶酸、钾、膳食纤维

茄子皮中含有的茄色素具有很强的抗氧化作用，还能有效抗癌，预防衰老。涩液也有很强的抗氧化作用。将茄子切成细丁之后煮熟，可以连同汤汁一起给狗狗食用。

长蒴黄麻
心 消 血 癌 老

黏蛋白、维生素A、
维生素C、
维生素E、钾

长蒴黄麻又被称为"帝王菜"。富含的β-胡萝卜素远高于其他蔬菜，还有丰富的维生素C和矿物质，营养价值非常高。

能帮助身体清热去火的凉寒性蔬菜不仅能促进排尿，还能有效去除代谢物，净化血液。在炎热的夏天，和湿度较高的梅雨季节，可以给狗狗多吃点。

心 调养心脏　肾 调养肾脏　肝 调养肝脏　消 调养肠胃　肺 调养肺部
癌 预防癌症　血 保护循环系统　皮 保护皮肤　运 强健肌肉和骨骼　老 预防衰老

春	秋	冬

西红柿
消 肾 皮 血 老 心 癌 肝 运
番茄红素、维生素B₁、
维生素C、维生素E、钾

有极少部分的狗狗会对西红柿籽起反应而腹泻，因此给肠胃比较虚弱的狗狗食用之前，要先去掉西红柿籽，并且要略微加热一下再给狗狗食用。

青木瓜
消 肺 血 老 癌 心
木瓜蛋白酶、维生素C、
维生素A、钾、膳食纤维

青木瓜中含有很多能分解蛋白质、脂质和糖质的酶，不仅能帮助消化，还能清理肠道，增强免疫力。不过对乳胶过敏的狗狗食用后可能会引起过敏症状，需要谨慎摄入。

全年

豆芽
消 心 肾 血 肝
维生素C、维生素E、
铁、叶酸、膳食纤维

豆芽能促进排尿，切好后略微焯下水就可以食用了。

黄瓜
消 肾 癌 血
维生素K、维生素C、
铜、镁、钾

黄瓜含水量超过90％，具有出色的利尿作用，能够保护肾脏。黄瓜皮含有的葫芦素中能有破坏肠道肿瘤的因子。可以将黄瓜捣碎之后直接给狗狗生吃。

牛油果
消 肝 癌 血 皮
维生素E、维生素B₁、
维生素B₂、钾、
膳食纤维

牛油果被称为"森林黄油"，含有丰富的脂质，其中70％是油酸和亚油酸等不饱和脂肪酸。牛油果能有效预防动脉硬化。建议搭配维生素C一起食用。

菠菜
消 肺 血 老 癌 心 肾 皮
β-胡萝卜素、维生素B₂、
维生素C、维生素A、钾

菠菜含有非常多的铁，能有效预防贫血。菠菜绿叶中含有的叶绿素能去除血液中的毒素。因为含有较多草酸，所以用热水焯熟后还要再过水清洗完，才能给狗狗食用。另外，患有草酸钙结石的狗狗禁止食用。

芹菜
肝 肺 肾 血 癌 消 运
膳食纤维、钾、维生素B₁、
维生素C、维生素U

芹菜含有的蛇床烯能镇定安神，消除烦躁，还有强大的利尿作用。芹菜叶能帮助血液流动畅通。切好后煮熟就能给狗狗食用。

白萝卜
消 肺 老 癌
膳食纤维、叶酸、
维生素C、维生素B₅、钾

白萝卜中含有很多酶，能调节肠胃功能，被称为"自然消化剂"。萝卜尖端部分的酶活性更强。虽然烹饪过程中多少会流失一些营养，但是还是建议捣碎加热后再给狗狗食用。

8 水果

水果可以给健康的狗狗当作零食。很多水果都是凉寒性的，能帮助身体清热去火，还能有效解毒。

不凉也不热（平性）

蓝莓
(肺)(肾)(消)(癌)(老)

花青素、维生素E、
钾、膳食纤维

蓝莓中富含的花青素是保护眼睛必不可少的营养素。维生素E和脂质一同摄入能提高物质吸收率，因此可以搭配酸奶和脱脂干酪一起食用。

柠檬
(肺)(肝)(消)(老)(血)(癌)(皮)

维生素C、柠檬酸、
类黄酮、钾、叶酸

柠檬能帮助缓解疲劳，预防疾病。丰富的维生素能强健血管，促进细胞胶原蛋白的生成。另外，柠檬还能提高铁的吸收率。

橘子
(肺)(血)(癌)(消)

维生素A、维生素B₁、
维生素C、钾、叶酸

橘子含有丰富的维生素C，并且橘络中也富含维生素P，能强健毛细血管，预防动脉硬化。可以当作小零食直接给狗狗生吃，十分方便。

菠萝
(肾)(消)(老)(皮)(癌)

维生素B₁、维生素C、
维生素B₆、钾、膳食纤维

菠萝中富含能分解蛋白质的菠萝蛋白酶，和肉类一起食用能帮助消化。适合在剧烈运动或外出后食用。

蔓越莓
(心)(肾)(肝)

维生素C、钾、
钙、膳食纤维、钠

蔓越莓中的原花青素成分能防止膀胱黏膜上细菌着落，适合给膀胱炎反复发作和患有磷酸铵镁结石的狗狗食用。直接将生的蔓越莓捣成泥状食用即可。要选择市场上贩卖的、没有加糖分的蔓越莓。此外，患草酸钙结石的狗狗禁止食用。

苹果
(肾)(消)(肝)(老)(血)(癌)

苹果酸、柠檬酸、
维生素K、维生素E、膳食纤维

在西方，苹果被当成治疗肠道疾病的药物。因为加热后的苹果营养价值更高，所以可以给狗狗吃煮苹果或烤苹果。苹果皮中有很多果胶，能保护肠道黏膜，促进代谢物排出。

清热去火（凉寒性）

梨

肺 消 血

天冬氨酸、维生素B₃、钾、膳食纤维

梨能改善便秘，调节肠道功能。因为富含能分解蛋白质的酶，建议切小块后和肉一起使用。适合初秋等肠胃比较敏感的季节，也可以给狗狗当小零食。

草莓

肝 消 血 老

膳食纤维、维生素C、叶酸、维生素B₅、钾

草莓是春季最好的小零食。可以直接给狗狗生吃，帮助狗狗补充维生素C，不仅能预防感染还能增强免疫力。草莓也可以预防慢性疾病。

桃子

肝 消 皮 老 癌

膳食纤维、维生素C、维生素E、维生素B₃、钾

桃子很容易被身体吸收，可以作为高效率的能量来源。桃子具有很强的稳定血压功能和抑制活性氧的作用。

香蕉

肺 消 血

维生素B₆、维生素C、叶酸、钾、膳食纤维

越熟的香蕉越容易被消化，抗氧化作用也越强。香蕉中含有很多淀粉，因此能给狗狗持续提供能量；还含有很多低聚糖，能预防便秘。虽然吃起来很方便，但要注意香蕉中含糖很多，不能摄入过量。

猕猴桃

消 皮 老 癌

膳食纤维、维生素C、维生素E、维生素B₆、钾

猕猴桃一年四季都有，不过其时令期是冬季。因为猕猴桃中含有丰富的柠檬酸和苹果酸，不仅能预防衰老，抑制癌症，还能有效缓解疲劳。最适合在夏天早晨，狗狗散完步后当成零食吃。

西瓜

心 肾 消 血

维生素C、维生素A、番茄红素、维生素B₅、钾

西瓜含有丰富的钾元素和水分，最适合用来在炎炎夏日期间防止中暑。西瓜具有很强的利尿功效，能帮助身体排出多余的水分。白皮中富含的瓜氨酸能让血管保持年轻，因此也建议一起食用。

9 菌菇

菌菇的营养价值很高，很推荐放在狗狗的饭食里。干菌菇和冷冻菌菇比鲜菌菇的营养价值更高，因此除了滑菇以外的菌菇都建议晒干后冷冻保存。将菌菇用搅拌机搅成粉末状，不仅做起来方便，还能进一步提高消化吸收率。

驱寒暖身（温热性）

蘑菇
肾 消 肺 癌 血 皮

维生素B₅、钾、铜、膳食纤维

蘑菇含有丰富的维生素B₅，不仅能保护皮肤和黏膜，还能抑制口腔炎、皮肤炎症和腹泻引起的肠道炎症，而且还有很强的除臭作用，能有效抑制口臭和便臭。因为维生素B₅不耐热，因此蘑菇可以生吃或略微焯水后切成细丁再食用。

舞茸
癌 消 血 皮 老 肾 运

维生素B₁、维生素B₂、维生素D、钾、维生素B₃

舞茸具有强大的抗癌作用。舞茸中的β-葡聚糖，能激活免疫机能，还能调节并提高免疫力，预防肠道肿瘤增生，抑制癌细胞转移。不仅是和癌症作斗争的狗狗，健康狗狗也可以食用舞茸以预防癌症。每天可以少量食用。

不凉也不热（平性）

杏鲍菇
消 肾 肝 血 癌 皮

维生素D、维生素B₂、膳食纤维、钾、维生素B₃

杏鲍菇热量低，营养丰富，适合给减肥的狗狗食用。杏鲍菇中的膳食纤维能清理肠道，还能帮助解毒。

香菇
消 肝 血 癌 老 肾 运

维生素B₃、维生素D、维生素B₁、维生素B₂、膳食纤维

香菇含有丰富的矿物质，并且药效丰富。香菇中含有的蘑菇多糖能用于防癌、β-葡聚糖能用来抵抗病毒，以及谷氨酸能预防衰老等。

金针菇
消 血 皮

维生素B₃、维生素B₅、维生素B₁、维生素B₂、钾

金针菇含有丰富的维生素。不仅能促进能量代谢，还能激活大脑，增强心脏功能。

滑菇
消 血 皮

维生素B₃、维生素B₅、黏蛋白、膳食纤维、钾

滑菇黏糊糊的黏蛋白能保护胃和肝脏黏膜，还能抑制血糖上升，保护眼睛。因为滑菇不容易被消化，所以要切碎后再给狗狗食用。

清热去火（凉寒性）

蟹味菇
肾 肝 血 癌

维生素B₂、维生素B₆、维生素D、膳食纤维、钾

蟹味菇含有各种氨基酸，营养均衡，能促进蛋白质的吸收和碳水化合物（糖类物质）代谢，还能修复组织帮助生长。蟹味菇富含能增强免疫力、具有防癌功效的植物凝集素。将蟹味菇切小丁后煮熟连同汤汁一起给狗狗吃。

10 碳水化合物

虽然碳水化合物不是狗狗每天必需的食物，但对于运动量特别大的成年狗狗，可以用碳水化合物代替鱼类和肉类给狗狗食用。碳水化合物中有很多食物被称为超级食物。

不凉也不热（平性）

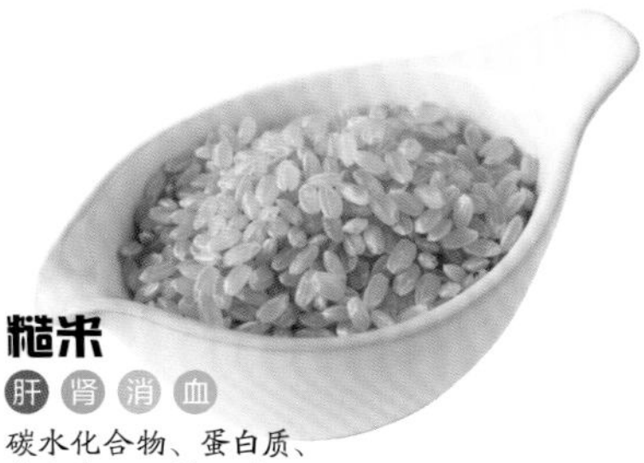

糙米

肝 肾 消 血

碳水化合物、蛋白质、维生素B_1、镁、磷

糙米比大米的营养价值更高，也被称为全营养食物。糙米具有很强的解毒作用，能抑制和排出胆固醇，提高新陈代谢。糙米很难被消化，因此要煮成粥状再给狗狗吃。

黍子

肺 心 皮

碳水化合物、蛋白质、维生素B_3、维生素B_6、铁

黍子含有丰富的膳食纤维、矿物质和维生素，能促进血液循环、保护心脏，还能燃烧脂质和糖，适合减肥的狗狗。另外也能增加有益的胆固醇，促进新陈代谢。1份黍子加入1.5份水，然后放入微波炉加热3分钟即可，做起来很方便。

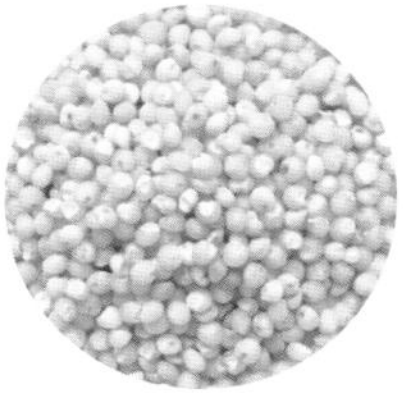

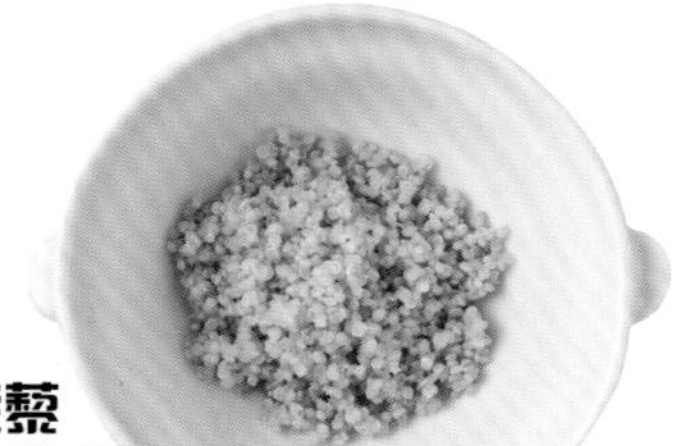

藜藜

消 运 血 皮 癌

蛋白质、维生素B_1、维生素B_2、膳食纤维、叶酸

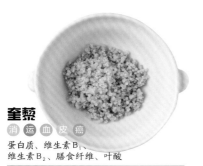

藜藜和菠菜一样，属藜科。藜藜中的钾含量相当于3根黄瓜中的钾含量，膳食纤维相当于7根香蕉的膳食纤维，不仅能帮助血液流动畅通，还能预防癌症、缓解贫血、提高免疫力等，功效非常多。1份的藜藜加入1.2份水，然后用微波炉加热4分钟即可，做起来很方便。

苋菜籽

消 血 皮

膳食纤维、维生素B_6、铁、钙、钾

苋菜籽又称“超级绿色食物”，富含多种必需氨基酸。苋菜籽含有丰富的铁，能预防贫血，抑制血糖上升，是一种具有强大抗氧化作用的谷物。适合对白米和小麦过敏的狗狗食用。1份苋菜籽加入1.5份水，放入微波炉中加热5分钟即可，做起来很方便。

清热去火（凉寒性）

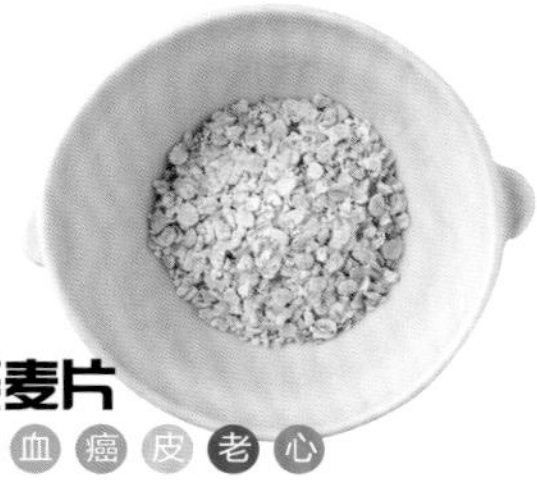

燕麦片

消 血 癌 皮 老 心

碳水化合物、蛋白质、生物素、磷、镁

燕麦片就是将燕麦晒干后再碾平制成的食物，是膳食纤维和矿物质的宝库。燕麦的营养价值比糙米还要高，不仅能抑制脂肪吸收，还能通过调整肠内环境，预防大肠癌。放入的水、汤汁或牛奶等至刚没过燕麦片，然后放入微波炉加热3~5分钟就可食用。

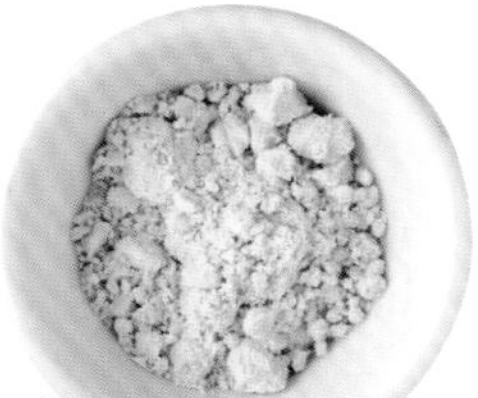

薏仁粉

肾 消 肺 皮 癌 心

钾、铁、维生素B_1、维生素B_2、维生素B_3

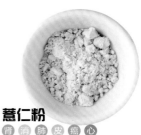

薏仁粉富含的膳食纤维是大米中的8倍，具有利尿、消炎、镇痛的作用。做成薏米粥可能会花费时间，因此可以用薏仁粉代替，撒在饭食上即可食用。

关于**为狗狗制作饭食**的问答

大家在讨论时经常听到的，
针对自己做饭的几个简单疑问，现在来一一解答。

Q 总担心狗狗的
营养是否均衡。

不需要每顿饭都达到营养均衡

　　和人类的饭食一样，狗狗的饭食也不一定要每顿都达到营养均衡。只需要做到肉：蔬菜＝1:1~2的比例，加上各种各样的食材就可以了。食材交替使用，给狗狗吃不一样的食物才是重要的。如果连续几个月都给狗狗吃同一种肉和蔬菜，有人会说这样对狗狗的身体不好，但实际上这样很有可能会影响到狗狗的生命，因此千万要注意。

Q 我试着自己做了一下饭，
但狗狗却不吃我做的饭。即使这样我还要继续做吗?

如果真的想让狗狗吃自己做的饭，就一定要有耐心

　　不知道为什么，确实有很多狗狗因为没有吃过狗粮以外的食物，很难接受吃不习惯的食物，尤其贵宾犬和柴犬。但是如果真的为了狗狗的健康考虑，想让它们吃主人自己做的食物，就一定要有耐心。从现在开始，在饭食里一点点加入主人自己做的食物，可以用烤肉的香味来引起狗狗的兴趣，或者加一点点鲣鱼干用香味诱惑狗狗，总之努力让狗狗慢慢习惯起来。

Q 这样似乎就不能给狗狗吃狗粮了，我有点担心……

如果狗狗不挑食，狗粮也是可以吃的

　　如果发生灾害或者将狗狗交给别人代养的时候，狗粮是必不可少的。对于狗狗来说，吃主人做的饭食就像吃饼干小零食一样，如果狗狗平时不挑食，基本上狗粮之类的食物也能吃。就算是将狗狗放在宠物旅馆，几天都没有吃到主人做的饭食，回家之后狗狗能正常吃饭就没有问题。

Q 自己做的黏糊糊的饭食给狗狗吃了之后，狗狗会不会有牙垢或者牙石啊？

干巴巴的狗粮恐怕更容易让狗狗产生牙垢和牙石

　　食物种类确实也是产生牙垢和牙石的一个原因，但跟黏不黏糊没有关系，可能干巴巴的狗粮更容易让牙齿产生污垢。因为狗粮的油分很多，所以很容易粘在牙齿上。因此可以给狗狗吃主人自己做的饭，如果还是担心，不妨定期给狗狗吃一些硬的小零食来预防牙垢和牙石。

Q 给大型犬做饭会不会很费钱啊？

养大型犬本来就很费钱

　　和大型犬一起生活本来就很费钱。比较起来的话，大型犬自然是要比小型犬费钱，但如果把养大型犬的费用和一名高中生的花费类比的话，也其实高得不是特别多。那么以此为前提，再来考虑如何减少成本吧。另外，若能通过给狗狗吃主人自己做的饭，减少它生病的风险，那是不是也就省下一笔钱了呢？

切

煮

盛

只需一口锅，10分钟便能做好一份
有益狗狗身体健康的盖浇汤饭，推荐给大家！

内容提要

　　亲自给狗狗做饭，为狗狗提供科学合理的饭食，是保证狗狗身体健康的有效方法。如果你一直以为给狗狗做饭很麻烦，也不知从何入手，不妨打开这本书看看。

　　本书首先为读者提供了68个简单易操作、有益狗狗身体健康的懒人食谱，包含3个花十来分钟就能完成的盖浇汤饭食谱、31个有助于狗狗调养身体的食谱、14个适合四季不同节气的食谱、20个甜点食谱；然后，在提供食谱的同时，本书还讲解了狗狗的身体运作原理和营养需求，使读者更深入掌握科学喂养的方法；最后，本书介绍了116种常见食材，全面分析每种食物的营养价值和功效，供读者查询使用。

　　科学喂养并不像我们想象中那么复杂，只要用心爱狗狗，即使烹饪零基础的狗主人，也能轻松掌握本书中的懒人食谱。爱狗狗的你，行动起来吧！

特别感谢

晴天　　　　吉娃　　　　蒂米　　　　木木

苹果　　　　学长　　　　彼特　　伯尔　　拉夫特